HISTORIA DE LA
COMUNICACIÓN HUMANA

Abelardo Orlando Macedo Tello

Para realizar pedidos de este libro, contacte con:
Palibrio LLC
1663 Liberty Drive
Suite 200
Bloomington, IN 47403
Gratis desde EE. UU. al 877.407.5847
Gratis desde México al 01.800.288.2243
Gratis desde España al 900.866.949
Desde otro país al +1.812.671.9757
Fax: 01.812.355.1576
ventas@palibrio.com
490370

**Para Marita,
así como a
Mike, Paco y Caro
con todo mi amor**

INDICE

HISTORIA DE LA COMUNICACIÓN HUMANA **4**

INTRODUCCIÓN... 4

I.- La Comunicación y el Proceso de Hominización 7

I.1 La Comunicación Intercelular 7

1.2 La Herencia desde los Animales Unicelulares hasta los Mamíferos 9

1.3 Los Mamíferos y Nuestros Inicios en la Crianza Infantil....................................... 10

1.4 La Evolución de los Primates y Nuestra Comunicación 11

1.4.1 Los Caracteres de los Primates 11

1.4.2 Los Simios Superiores, ¿Nuestros Parientes más Cercanos? 12

1.4.3 Un Enigma y dos Teorías 15

1.4.3.1 La sabana 15

1.4.3.2 El Mono Acuático 16

1.5 La Socialización y la Comunicación 17

1.6 Las Similitudes entre las Sociedades de Primates y la Humana 19

II.- LA HISTORIA DE LA COMUNICACIÓN **22**

2.1 El Habla 22

2.1.1 ¿Qué es el Habla? 22

2.1.1.1 Definiciones Filosóficas del Habla 26

2.1.1.2 Definiciones Científicas del Habla 29

2.1.2 Origen del Habla 31

2.1.3 La Importancia del Habla en la Comunicación 33

2.2 La Escritura 34

2.2.1 El Origen de la Escritura 35

2.2.2 La Importancia de la Escritura en la Comunicación 38

2.3 La Imprenta 40

2.3.1. El Origen de la imprenta... 41

2.3.2. La Importancia de la Imprenta en la Comunicación. 43

2.4 La Era de la «Tele» 44

2.4.1 La Comunicación «A Distancia» 44

2.4.2. La Primera Revolución Industrial: El Desarrollo de la Comunicación Física 45

2.4.3 La Segunda Revolución Industrial 47

2.4.4 El Telégrafo.. 48

2.4.5. El Teléfono 49

2.4.6 La Radio 50

2.4.7 La Televisión 52

2.4.8. La Importancia de las Telecomunicaciones en la Comunicación 54

2.5 La Industrialización del Periodismo. 56

2.5.1 El Proceso de Industrialización del Periodismo.. 56

2.5.2. La Importancia de la Industrialización del Periodismo en la Comunicación. 59

2.6 El Lenguaje Cinematográfico 60

2.7 La Internet 63

Epílogo 66

BIBLIOGRAFÍA... 67

HISTORIA DE LA COMUNICACIÓN HUMANA

INTRODUCCIÓN

En primer lugar, la diferencia —que consideramos— más saltante entre el presente análisis histórico y el que tradicionalmente se efectúa, radica en el hecho de que, mientras las historias de la comunicación social se formulan bajo el modelo emisor-mensaje-receptor: es decir, considera como sujeto a quien emite; la presente historia de la comunicación humana invierte la relación, es decir, el sujeto es quien percibe. La justificación de este cambio está en el trabajo que se encuentra en proceso de publicación: *Teoría de la Comunicación Humana*, que implica un nuevo «horizonte de sentido» en el análisis. En él, se propone el modelo Sujeto-imagen-objeto.

La tendencia de las investigaciones científicas sobre la comunicación ha ido variando desde el análisis acerca del efecto de los medios masivos —que contempla a un receptor pasivo— hasta el análisis del mensaje, así como a las consecuencias y respuestas del receptor. Empero, el estudio se centra cada vez más en la búsqueda de una comunicación igualitaria: la realidad se viene imponiendo, tomando en cuenta que se quiere producir mensajes que realmente influyan en la conducta de los sujetos a quienes está dirigido. Sin embargo, aun no hemos logrado salir de este «horizonte de sentido» que implica observar la citada relación en el orden de emisor-mensaje-receptor.

Dicha situación nos ha llevado a la convención general de que ésta es la forma en que el fenómeno se presenta. La Real Academia de la Lengua Española (RAE, en lo sucesivo) es la institución que viene delimitando el sentido y significado de las palabras; es decir, la que «santifica» las convenciones y para ella el «lenguaje» es:

1. m. Conjunto de sonidos articulados con que el hombre manifiesta lo que piensa o siente.

6. m. Conjunto de señales que dan a entender algo. El lenguaje de los ojos, el de las flores. En la primera acepción, es evidente que la RAE plantea una definición a partir del emisor. En la segunda, no encontramos incongruencias con el punto de vista respecto del cual el sujeto es el receptor, empero, no se especifica. En tanto, que, en la tercera, cuarta y quinta, también resulta evidente que el sujeto es el emisor. Recién en la sexta, se sobreentiende que el ejecutante es el receptor.

Durante la exposición de nuestro análisis sobre el desenvolvimiento de este fenómeno, efectuado desde que se establecen las primeras relaciones —dado que sin relación no hay comunicación—, pretendemos demostrar, basados en los hechos, que tal perspectiva se encuentra sesgada ya que no existe comunicación si el receptor no la hace suya.

Otros aspectos previos relevantes residen en que la comunicación es un fenómeno que caracteriza la naturaleza humana —su historia es paralela al desarrollo humano— por lo cual hemos estimado necesario resumir esa historia de más de tres millones de años. Por tal razón, después de la referencia al proceso evolutivo comunicacional que condujo a la aparición del hombre, hemos seleccionado siete hechos como los más relevantes: el habla, la escritura, la imprenta, la industrialización del periodismo, la era de la «Tele», el lenguaje cinematográfico y la Internet. De los siete, consideramos que tres tienen naturaleza cualitativa: el habla, la escritura y el lenguaje cinematográfico, porque su adopción implica una nueva forma de comunicarse.

Las capacidades humanas para relacionarse con el mundo, hasta el momento, están claramente delimitadas. Hablamos sobre nuestros cinco sentidos y, a pesar de tener plena conciencia de que muchos seres vivos nos aventajan en la agudeza lograda en procura de su supervivencia, somos conscientes de que la gran diferencia radica en nuestra capacidad de acumular experiencia, y que, gracias a la razón, hemos compensado estas diferencias con la facultad de construir teóricamente soluciones que nos han llevado al sitial que ocupamos.

No hemos tomado en cuenta líneas de investigación que se orientan en dirección de encontrar otros medios de relación generalmente basados en capacidades mentales que —se supone— somos capaces de alcanzar, como la telepatía y fenómenos como la telekinesis, entre otros, porque aun no cumplen con los requisitos que la comunidad científica, en general, exige para aceptarlos. Deseamos, más bien, resaltar que no hemos considerado en su real magnitud que ha habido saltos sustantivos en la historia de la comunicación humana que no tienen que ver con fenómenos de la naturaleza descrita en la oración previa.

Nos referimos a hechos que no podemos calificar como revoluciones porque su desarrollo no ha sido súbito, sino que han sido producto de procesos de tal lentitud que han impedido que los percibamos con claridad. La característica más saltante de nuestros tiempos es el cambio y ello nos impermeabiliza de tener total conciencia de la situación.

Empero, la velocidad del cambio acelera permanentemente y no encontramos investigaciones que se orienten a analizar este vertiginoso avance, precisamente, cuando el recuento de los hechos significativos en materia de comunicación tiene una —relativa— mayor existencia en el tiempo. Se plantean historias de la comunicación desde inicios del siglo pasado, cuando el desarrollo de los medios no había logrado el espectacular adelanto que hoy observamos impávidos.

Encontrar cambios sustantivos durante el proceso histórico de la comunicación humana es muy difícil, por las siguientes razones:

En primer lugar, y en relación con el lenguaje, tenemos la necesidad de la convención, la que involucra a comunidades humanas enteras y solo se logra tras inversiones considerables de tiempo —generalmente en intervalos generacionales—. En segundo lugar, los períodos de evolución son mucho más largos que la existencia humana en el planeta, lo que permite afirmar que las diferencias físico-intelectuales entre el Cromañón y el hombre actual no son sustanciales. Sus grandes distancias estriban en la herencia cultural. Por lo tanto, probablemente los cinco sentidos del Cromañón sean más agudos que los que presenta cualquier hombre citadino.

Procuramos resaltar que, al mantener los mismos instrumentos —en este caso los cinco sentidos—, existen escasos márgenes para cambiar la manera de relacionarnos. Por lo tanto, designar a un hecho de comunicación de naturaleza cualitativa, requiere un cambio de índole intelectual: la parte física, prácticamente, es idéntica, por ende, no es fácilmente mensurable. Ello dificulta la percepción de la evolución señalada. Cabe preguntarse: ¿nuestros hijos tienen más capacidades intelectuales que nosotros?, ¿están adquiriendo diferentes formas de comunicarse?.

Hacemos referencia, entonces, a cambios que implican una nueva forma de pensar e, incluso, de percibir —como en el caso del lenguaje cinematográfico—. La aparición del habla no demanda sustentación en cuanto a la no conciencia del cambio, ya que analizada en una perspectiva histórica se barajan millones años en la fijación de cuándo apareció y el hombre, durante este largo lapso de tiempo, estaba más preocupado por comprobar las reacciones del congénere que en el cambio de la forma de pensar que implica. La escritura, en cambio, conlleva una nueva manera de pensar y, aunque los vestigios de su desarrollo se hallaron entre miles de años, no tenemos facilidad para analizar el cambio de pensamiento que involucra. En el habla, no son tan evidentes las fallas en la organización de las ideas, y su agilidad evita el permanente señalamiento de errores que permite lo impreso. En la expectativa por conocer el concepto que estamos percibiendo, que transportan las imágenes acústicas, muchas veces completamos con nuestras propias ideas lo que queremos escuchar, por lo que no nos detenemos a analizar, generalmente, la «pureza» de los mensajes de quien los emite. Siempre tenemos al frente la posibilidad de corroborar lo aprehendido.

Caso totalmente opuesto ocurre con los mensajes escritos: lo que queremos conocer esta «allí», sin posibilidades de diálogo, y tenemos la necesidad de circunscribirnos a lo que se nos muestra. De esta manera, nuestra actitud, desde que iniciamos la lectura, es, de por sí, crítica.

Lo señalado implica que, en el momento de escribir, debemos considerar con mayor detenimiento las posibles alternativas de interpretación. Nos exige una manera distinta de expresar, que, finalmente, demanda una manera diferente de pensar. En el habla, generalmente, prima la espontaneidad; en la escritura, la meditación previa. Cuando queremos conocer ideas claras solemos exigir que estén en «blanco y negro».

En relación con el lenguaje cinematográfico, durante el desarrollo de su historia, creemos sustentar de mejor manera el considerarlo como cualitativo. Sin embargo, también intentaremos, posteriormente, un escueto resumen.

Por último, deseamos resaltar el papel de la estética —en el sentido primigenio del término, en griego— desarrollada por Aristóteles, en el proceso comunicativo que el estagirita nos presenta en la *Poética*. En especial, también es tratado en el desarrollo histórico del cine; sus antecedentes, durante el Medioevo, y, sus orígenes, durante el último siglo, porque este medio sintetiza más claramente la naturaleza artística de la comunicación humana. Ello torna más difícil su análisis científico, debido a que involucra aspectos humanos que no tomamos en cuenta mediante un análisis racional, sino eminentemente artístico.

Se ha desarrollado una semiótica especial para tal medio de comunicación en la que «las tijeras maravillosas» o la acción del director de una película nos llevan a saltos impensables de tiempo. Podemos «vivir» siglos en hora y veinte minutos; con el juego de planos se resaltan aspectos que motivan vivamente nuestros sentimientos. El director fija un tiempo a su antojo; es evidente el efecto que produce la cámara lenta, por ejemplo; es decir, se crea un mundo en el que no es necesario tener un adiestramiento previo, basta con sentarse y «compartir» angustias, cansancios, sed, ira, miedos etc. Realmente, representó una nueva forma de comunicarse.

En el plano artístico propiamente dicho, con plena conciencia de que es un campo ajeno al que pretendemos estudiar, consideramos que existen muchas historias del arte a las que habría que incorporar el nuevo horizonte de sentido propuesto, con lo que —suponemos— se alcanzará una mejor comprensión racional sobre su naturaleza, sobre todo, si consideramos al arte moderno. Sin embargo, existe un universo teórico en cuanto a estética, por ejemplo, que procura efectuar un análisis racional solamente sobre la imagen, y despliega, así, una riqueza impresionante, por lo que su análisis implica toda una investigación muy profunda.

En una reciente entrevista televisiva a nuestro pintor Fernando de Szyszlo, él nos recuerda una cita que resalta el poder del arte como elemento que lleva a descubrirnos internamente. Según de Szyszlo, Mozart conduce a un mundo desconocido que existía dentro de nosotros. La función del artista reside en la capacidad de despertar aspectos, tanto emocionales como las mismas percepciones sensoriales, no revelados de nosotros mismos. También nos habla de una «complicidad» entre el artista y su público, en la que no existiría arte sin observador, con lo que abona a nuestra concepción de que el sujeto es quien percibe, tal como sucede con la escritura.

Pero el análisis es mucho más complejo y requiere una investigación adicional acerca de la naturaleza de la imagen que, en resumen, es de la naturaleza de nuestra conciencia.

I.- La Comunicación y el Proceso de Hominización

Es extraño que, a pesar del tiempo transcurrido desde la publicación de *El Origen de las Especies*,[1] se tenga tantas reticencias para aceptar que la evolución también se presenta en el fenómeno de la comunicación. Se entiende que comunicación es diálogo y se supone que el diálogo implica un lenguaje, a la vez, que suele descartarse que los animales posean un lenguaje. Por lo tanto, la comunicación humana no tiene relación con la comunicación animal. Con este raciocinio, se ha erigido una barrera infranqueable que hace las veces de bastión que defiende nuestra condición humana.

Así como es posible determinar nuestros orígenes a través de pruebas de ADN, creemos que es importante indagar la evolución de los sistemas de comunicación. Según Heidegger, el pasado se manifiesta en el presente. Interpretamos como que no se puede descartar los antecedentes heredados de la comunicación animal sino que siempre están activos en nuestro sistema de comunicación. Conociendo el pasado, se nos hacen más evidentes las formas actuales, al tiempo que nos brindan señales sobre la forma de encarar el futuro. De otro lado, se abren puertas que nos permitirán aproximarnos más certeramente al momento del «salto» de animal a hombre y, así, resultará menos misteriosa la dilucidación respecto de cómo y cuándo surgió el habla.

I.1 LA COMUNICACIÓN INTERCELULAR

Para encontrar los antecedentes de la comunicación humana en las anteriores formas de vida en el proceso evolutivo, necesitamos partir del origen mismo de la vida. Es innegable que, actualmente, durante el proceso interno mediante el cual las impresiones recibidas del exterior llegan al cerebro las reacciones —mecánicas, físicas, químicas, eléctricas o de comunicación intercelular e intracelular— juegan un papel preponderante. Los avances en Neurociencia sustentan tal afirmación.

Miles de millones de años de estas **relaciones,** que devinieron en la formación de células y moléculas, aun están «en tinieblas». En la serie de programas sobre la evolución emitidos por el *History Channel*, se dedicó uno a la evolución y la comunicación. En éste, el biólogo marino Ph.D. Stephen Haddock explica la existencia de los *mares lácteos*: la agrupación de bacterias luminosas que, en busca de hospedarse, «avisan» de su presencia mediante la simultánea emisión de luces, en tal dimensión, que se aprecia a simple vista desde satélites. La finalidad es que los peces los alojen en sus aparatos digestivos, su hábitat natural. El científico precisa que la sucintamente

---

1   V. DARWIN, Charles. *On The Origin of Species by Means of Natural Selection.* London: John Murray, Albemarle Street, 1859.

descrita es, probablemente, una de las primeras formas de comunicación entre organismos vivos.[2]

La bioquímica Ph. D. Bonnie Bassler nos explica un fenómeno en el cual organismos unicelulares se «ponen de acuerdo» para actuar simultáneamente mediante una «detección de *quórum*», al emitir pequeñas moléculas como hormonas o feromonas. Ello explicaría, por ejemplo, cómo se organizan las bacterias para atacar en caso de enfermedades o cómo los glóbulos blancos actúan en defensa del organismo humano. Es decir, mostraría la formulación de estrategias para actuar juntos debido a que, por sus dimensiones, la acción individual no lograría cumplir finalidades, como su supervivencia.

Estos sistemas de comunicación, necesariamente, tienen como resultado la actual organización física que permite el uso de todos nuestros sentidos, e, inclusive, el proceso mental propiamente dicho

Evidentemente, existe un nivel de comunicación en esta escala que se viene realizando desde la aparición de la vida, que ha venido rigiendo las conductas de todo ser viviente, e, incluso llega a romper sus propios límites. Las aproximaciones entre especies generalmente incompatibles no son escasas. El instinto maternal y otras manifestaciones superan los parámetros que las diferencian. El complejo sistema que activa la sexualidad —que también compartimos con el reino animal—, al tiempo que certifica la teoría evolucionista, nos tiende otro puente para reflexionar sobre el tema.

No es aventurado afirmar que, entre los humanos, las afinidades y rechazos «a primera vista» puedan tener origen en este tipo de comunicación, y, si bien algunos científicos humanos y sociales hablan de *inconscientes asociaciones*, en muchos de los casos tal explicación es insuficiente o tan deleznable como la propuesta.

Lo cierto es que este tipo de relación es más frecuente de lo que se tiene conciencia y sus consecuencias en el desarrollo de nuestra existencia cumplen un papel muy importante. ¿A qué se debe el carisma?, ¿a qué se responde la empatía?. A pesar de no contar con estas respuestas, la mayoría de los gobernantes del mundo es elegida por poseer dichas características. ¿Estas personas logran estas asociaciones inconscientes en forma masiva?.

Aunque estas investigaciones no forman parte del desarrollo de nuestro tema, sus resultados darán las explicaciones que —intuimos— guardan relación con las reacciones intercelulares o intracelulares a las que estamos aludiendo.

En todo caso, queremos resaltar que lo asombroso de los estudios a nivel celular reseñados radica en la capacidad de actuar en conjunto; es decir, que millones de individuos tienen reacciones simultáneas, como si conocieran la forma de comunicarse entre sí. Nos asombra porque el análisis científico busca el detalle individual para extrapolarlo a la comunidad. No es incoherente verlos como individuos y está fuera de toda lógica elucubrar que alguien «piensa» en el mensaje y determina cuándo debe emitirlo; es más lógico determinar que un estímulo es el desencadenante de una reacción en cadena. Cada uno está pendiente de recibir las señales que le indiquen cómo debe actuar. No es posible la reacción sin «escuchar»; quien actúa es el individuo, varios individuos simultáneamente. Similar deducción podemos aplicar a la conducta de los insectos sociales.

Por otro lado, también se han planteado teorías acerca de la «emergencia»: conductas que se presentan solamente cuando los elementos se encuentran juntos. Argumento que es utilizado

---

2   V. Página web de History Channel, mención al Programa sobre Evolución. En: <http://pe.tuhistory.com/ programas/evolucion.html>. Consulta del 2 de septiembre de 2013.

para explicar fenómenos desde el origen del pensamiento hasta determinados comportamientos sociales.

Por lo tanto, desde el origen de la vida se mantienen vigentes en cada ser humano las formas de comunicación intercelular que permitieron su aparición —de la vida y, por ende, del hombre— sobre la faz de la tierra.

1.2 LA HERENCIA DESDE LOS ANIMALES UNICELULARES HASTA LOS MAMÍFEROS

Millones de años de evolución nos brindan, desde el sistema nervioso central, la columna vertebral y, en la base del cerebro humano, el cerebelo, conocida como la *Zona del Cocodrilo*, en la que los neurólogos ubican a los instintos de conservación y la agresividad: « [...] Aun tenemos en nuestras cabezas estructuras cerebrales muy parecidas a las del caballo y el cocodrilo [...] », apunta el neurofisiólogo Paul MacLean, del Instituto Nacional de Salud Mental de los Estados Unidos de Norteamérica.[3]

Tales características, a las que debemos la subsistencia y que son responsables de la «comunicación interjectiva», no son fruto de algún proceso mental elaborado —causante de muchos sonrojos y situaciones un tanto embarazosas, así como jocosas— que, en circunstancias de peligro, nos salva la vida. Son reacciones instintivas ante las informaciones recibidas del exterior. Muchas de nuestras reacciones tienen origen en esta, primitiva como vigente, forma de comunicación: reacciones ante el estímulo presente en forma individual, como lo vienen haciendo nuestras células inveteradamente.

La transformación de la articulación del maxilar inferior en el paso de reptil a mamífero —que amamanta a las crías— durante el Pérmico, hace 210 millones de años, trajo como consecuencia la formación del oído interno —que dejó mayor espacio para la masa encefálica—.[4] Si bien el tamaño del hocico revela que la preeminencia del olfato se mantiene, es el inicio del desarrollo del sentido del oído. Éste es el desarrollo de otro «canal» para recibir información que no implicó, empero, cambios en el proceso básico: recibimos información y actuamos en concordancia con ella.

Posteriormente, para mantener la temperatura del cuerpo constante, para que se presente la *endotermia*, fueron necesarias las glándulas sudoríparas, las sebáceas, la pérdida del pelo: la piel se prepara para el tacto —sentido vital para las personas con discapacidad visual—.

De otro lado la comunicación tiene dos sentidos: el primero es la capacidad de percibir, el segundo reside en nuestras posibilidades de transmitir. La segunda situación se presenta cuando se desean realizar acciones en conjunto, como, por ejemplo, incitar a la relación sexual.

La naturaleza es muy pródiga en ejemplos para este fin y van desde la emisión de aromas o feromonas hasta sistemas tan complicados como «danzas» casi tan interminables como complicadas, e, incluso, la fabricación de nidos donde se abren abanicos que, a nuestra percepción, son artísticos con las características que implica esta palabra —como creatividad—. No se produce un diálogo; no se intercambia opiniones. Son situaciones en las que prima la mayor fuerza sobre los competidores o la decisión individual de la hembra, que opta según su propio instinto.

---

3   Citado por Abel Cortese. V. CORTESE, Abel. *El Cerebro Emocional.* En: <http://www.gestiopolis.com/canales2/rrhh/1/cerebroemocional.htm>. Consulta del 17 de agosto de 2013.
4   «¿Qué es un mamífero?». En: ALMAZÁN,M. D., M. RIAMBAU, M. MARTÍNEZ, V. VILLACAMPA y E. BACHS *Natura, Vida y Secretos de los Animales. Enciclopedia.* Vol. 1, Barcelona: Orbis, 1986. p.3.

El especialista en Biología de la Evolución, Ph.D. Scott Edwards, en el mismo programa de *History Channel*,[5] resalta que el desarrollo de la vejiga natatoria en los peces les dio la posibilidad de incluir músculos a su alrededor, que vendría a ser el antecedente de nuestras cuerdas vocales: una «caja sonora». Debido a que, en el medio acuático el sonido tiene propiedades de mayor extensión y las facilidades de transmisión involucran otras modalidades que no están circunscritas a las ondas sonoras, al momento del salto a anfibio, esta caja de resonancia necesitó evolucionar a «un nuevo equipo para emitir sonidos» así como afinar el equipo receptor en el cual el oído se especializa en las ondas sonoras, para adaptarse a un medio en el que existen mayores obstáculos para la transmisión de mensajes, debido a la poca densidad del aire. Por ello, todos los animales vertebrados terrestres evolucionaron, por lo menos, en un aparato fonador.

La comunicación entre los pulmones y la laringe ha orientado a ubicar las cuerdas vocales en el segundo de los órganos mencionados. Los pájaros gorjeadores poseen laringe a la salida de cada pulmón lo que les permite combinar sonidos agudos y graves. Algunos animales que no poseen cuerdas vocales se comunican con siseos. Los humanos también empleamos los siseos con destreza, como en los silbidos, mediante los cuales modulamos la abertura de los labios y logramos una gama de tonalidades muy amplia. Las melodías siempre han sido una forma muy productiva de conseguir relaciones.

La adaptación es producto de la búsqueda de eficiencia, sin embargo, tampoco varía el sentido. Tal como en la comunicación intercelular, es el individuo quien reacciona ante un estímulo. La pregunta es: ¿el emisor tiene conciencia al producir los estímulos? Evidentemente, el emisor busca una respuesta, mas, su intención está orientada a captar la atención del oyente. Todos los «mensajes» carecerían de sentido si no consiguen «atrapar» a quien están dirigidos. La comunicación se produce si el oyente los capta. Muchos animales de vida solitaria de las más diversas especies emiten señales que tienen un alcance, a veces, de hasta kilómetros, en busca de un oyente.

Dada nuestra intención siempre hemos centrado la atención en «emitir». No obstante, el sujeto es quien percibe y decide. Si persistimos en que quien emite es el sujeto, obviamos millones de años de evolución, en los cuales el emisor procura captar la atención de su oyente. Él es el motivo de su accionar. No existe comunicación si no somos recibidos.

1.3 LOS MAMÍFEROS Y NUESTROS INICIOS EN LA CRIANZA INFANTIL

El proceso de evolución de los mamíferos demoró alrededor de 160 millones de años. Actualmente, esta clase comprende 4070 especies, divididas en dos subclases: ovíparos y vivíparos, según nazcan de huevos o del vientre materno —división que se presentó hace 200 millones de años—. Recién, hace 90 millones de años, los placentarios —formación completa dentro de la madre, en una placenta— se separan de los marsupiales —que completan su formación en el marsupio o bolsa externa—.[6]

En el Triásico —hace 200 millones de años—, encontramos al **megazostrodón**, cuya representación artística se presenta con el propósito de sustentar por qué los estudiosos comparan a los primeros mamíferos con los tupayas.

---

5   V. nota a pie 3.
6   ¿Qué es un mamífero?». Ob. cit. p. 3.

Si bien los restos encontrados del megazostrodón no nos brindan muchas pautas sobre su comunicación, el análisis de los tupayas contemporáneos — que viven en condiciones ecológicas similares al mencionado megazostrodón y tienen una dieta similar—, nos permite suponer que sus sistemas de conducta y comunicación son similares a los que tuvieron los primeros mamíferos:

El tupaya,[7] a pesar de ser insectívoro, es placentario — aunque posea una placenta muy rudimentaria— y amamante a sus crías. Sin embargo, el cuidado materno se reduce a permanecer con ellas entre seis y siete minutos cada dos días. Vive en diferente sitio que la prole y, si no logra identificarla por el olfato, la devora.

La relación madre-cría no implica algún tipo de enseñanza para sobrevivir; desde el nacimiento hasta el destete —al mes de nacido—, la cría no comparte con la madre más de una hora y media, durante la cual la madre no se encarga ni de su aseo.

Su hocico es corto y los ojos tienden hacia adelante, preparando la visión **estereoscópica**. El sentido más importante de las tupayas es el olfato. Marca los lindes de su territorio con orines y no tiene mayor conducta social.

Ya que la dieta se compone de insectos, y, debido a que la mayoría de las variedades tiene vida nocturna, la importancia del oído es enorme. El pabellón presenta pliegues y se aprecia la apariencia del aparato auditivo humano. Tiene garras y no uñas, por lo que el tacto no es muy desarrollado. Los sonidos que emite se asemejan el siseo gatuno y solo lo emplea en circunstancias muy apremiantes.

Si la vida social de megazostrodón hubiese sido similar a la del tupaya, sería un buen ejemplo del paso previo a la formación familiar: la prole indefensa solo tiene contacto con la madre a través de la alimentación. La única comunicación es por la ubre materna, por lo que parece una madre muy distanciada de sus crías. No las educa, y las identifica por el olfato, no acude a su encuentro por llamadas, gritos o lamentos. En conclusión, pese a que existe un lazo maternal, es, en extremo, lejano al concepto humano de familia.

1.4 LA EVOLUCIÓN DE LOS PRIMATES Y NUESTRA COMUNICACIÓN

1.4.1 LOS CARACTERES DE LOS PRIMATES

Aparecieron hace 60 millones de años, con el tamaño de un ratón, y viviendo en las copas de los árboles de los bosques tropicales. Al variar su dieta a hojas aumentaron de tamaño, por lo que se vieron obligados a dejar las copas de los árboles. Entre sus características más importantes en el orden físico se encuentran:

---

7   «Tupayas». En: ALMAZÁN, M. D., M. RIAMBAU, M. MARTÍNEZ, V. VILLACAMPA y E. BACHS Ob. cit..

✓ Aplanamiento de la cara y desarrollo de uñas planas.

✓ Almohadillas sensitivas y movilidad individual de cada dedo.

✓ Giro del pulgar hasta oponerse al resto, lo que posibilitó una presa poderosa y precisa.

En los órdenes físico-intelectual-social:

✓ Aumento del tamaño relativo y absoluto del cerebro.

✓ Reducción del índice de reproducción, lo que conllevó mayores cuidados maternos.

✓ Mayor esperanza de vida, con una sociedad más compleja.

Las crías no nacieron con una herencia genética suficiente para la subsistencia, por lo que el aumento del tamaño del cerebro fue imprescindible para aprender de la madre —durante el período mayor del cuidado materno— las formas de enfrentar al medio ambiente para sobrevivir, así como las formas más complejas del orden social. Ello, a su vez, les permitió lograr su subsistencia como especie. Las afirmaciones precedentes implican tanto un código para enseñar como un método de enseñanza. Es el inicio de la «herencia cultural».

¿Es imprescindible una forma de comunicación para transmitir esta herencia? Evidentemente, la madre, al corregir las reacciones incorrectas, podía instruir a sus crías. Empero, el empleo de sonidos: ¿implica uso de símbolos?.

1.4.2 LOS SIMIOS SUPERIORES, ¿NUESTROS PARIENTES MÁS CERCANOS?

La biología molecular y la inmunología aportan las pruebas que confirman la cercanía genética entre el homínido y los simios superiores. Cuatro tipos de pruebas sustentan esta afirmación:[8]

✓ Análisis comparativos de ADN.

✓ Estructura de las proteínas.

✓ Electroforesis —comparación de las cargas eléctricas de las proteínas—.

✓ Generación de anticuerpos al inyectar suero antihumano.

Todas estas pruebas ratifican, con índices similares, la proximidad genética de los simios superiores con el hombre, y la distancia con los simios inferiores, así como con los prosimios. Por lo tanto, a partir de animales similares a los simios inferiores, se derivaron, en líneas paralelas, las actuales familias de antropoides: los *homínidos*, los orangutanes, los chimpancés y los gorilas.

8 WASHBURN, S. L. y Ruth MOORE. *Del mono al hombre*. Madrid: Alianza Editorial, 1986. p. 27-33.

La fijación de fechas es altamente relevante, ya que nos va a permitir definir cuándo aparece el hombre. Como se verá más adelante, tal límite es importante debido a que, pese a que en períodos geológicos un millón de años no es trascendente, en nuestra dimensión temporal hablar de mil años es un período muy considerable; sobre todo, si tenemos en cuenta el proceso de aceleración permanente en el adelanto científico-técnico ocurrido en los últimos doscientos años. S. L. Washburn y Ruth Moore presentan el siguiente árbol de fechas sobre la evolución del hombre y sus ancestros no humanos:[9]

Parentesco entre monos y hombres según biología molecular

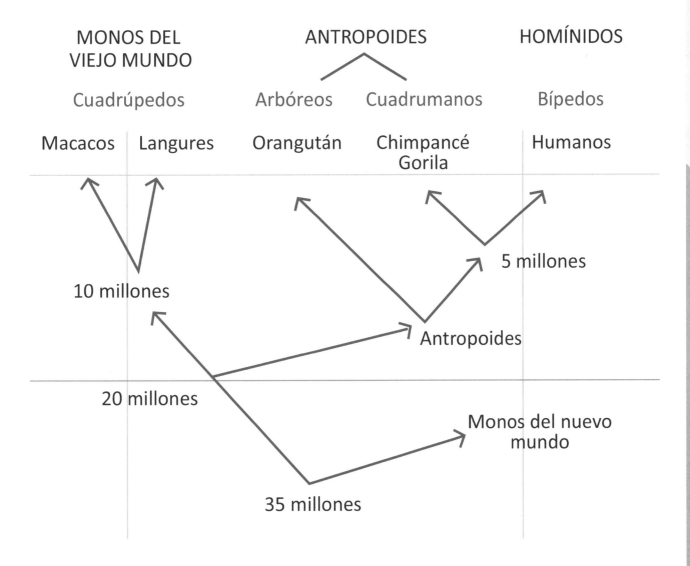

_____
9   WASHBURN, S. L. y Ruth MOORE. Ob. cit. p. 36.

Se han hallado restos de simios inferiores, fechados en 21 millones de años. Se aprecia el desplazamiento de los sentidos: el olfato pierde su preponderancia ante la vista. Varía la forma del cráneo: las mandíbulas se reducen y el espacio que ocupa el olfato en la masa encefálica, también. Esta reducción no implica que deje de tener importancia; por el contrario, la actual industria del perfume lo confirma.

En el suelo, varía la dieta. Nos convertimos en omnívoros, deja de existir una dieta fija y, en la selección de alimentos, ya no es tan importante lo genético sino el bagaje cultural aprehendido. En un medio natural, antes de comer, se mira con atención: el aspecto, el olor y el gusto son determinantes para la elección.

En la actualidad, una de las diferencias físicas más importantes entre los antropoides y los humanos es el tamaño del cerebro. En los antropoides mide entre 400 y 600cm^3, mientras que, en los humanos, entre 1200 y 1500 cm^3. En nosotros, las zonas adicionales están vinculadas con las habilidades manuales, el habla y la memoria. Ello genera el pensamiento consciente y una mejor capacidad de planificación.

Si bien el tamaño del cerebro es un indicio, no es una prueba evidente que demuestre la capacidad de pensar en el ser humano. La muestra material más inmediata del pensamiento es la palabra. Empero, ésta, tampoco, deja evidencias físicas que certifiquen la fecha de su aparición.

El *Kenyapithecus Wickeri,* descubierto por Louis Leakey,[10] fechado en 14 millones de años, ya presenta la llamada *fosa canina* —una depresión en la mandíbula superior— debajo de la cuenca del ojo, donde se engarza un músculo, que permite mover el labio superior, indispensable para hablar. Ello no indica que este antepasado del *homo sapiens* hablara, pero sí que el camino evolutivo para hacerlo se había iniciado.

En tal largo camino, se han encontrado restos de muchas variedades de seres con características humanas. Los paleontólogos han reparado con más detenimiento en la forma de la mandíbula inferior: en forma de «V» para los monos y de «U» para los humanos, la pérdida de tamaño de los caninos, etc.

El aporte de Darwin es invalorable, ya que fija las diferencias físicas más saltantes en el proceso de hominización:[11]

✓ Posición erecta

✓ Liberalización de las manos

✓ Reducción de las mandíbulas

✓ Aumento del tamaño del cerebro

Darwin explica que, por el hecho de caminar erguidos, se le da un mayor uso a las manos que reemplazan a los dientes, tanto para el ataque como para la defensa. La reducción de la mandíbula permite que se desarrolle el tamaño del cerebro y, así, sucesivamente.

10   V. LEAKEY, Louis. «A new Lower Pliocene fossil primate from Kenya». In: *The Annals & Magazine of Natural History*, Vol. 4, London: R. and J. E. Taylor: 1969. p. 689 - 696

11   Cf. DARWIN, Charles. *The Descent Of Man*. New York: Random House, 1871. p. 434 - 436

Unas son consecuencias de las anteriores y, aunque no fijan con exactitud la fecha en que el hombre comienza a pensar en abstracto, y, por lo tanto, que es capaz de manejar un lenguaje articulado y liberador del mundo concreto; al menos nos ha permitido fijar una sucesión de los diferentes restos paleontológicos que los científicos muestran en el siguiente orden:

- ✓ Homínidos primitivos

- ✓ Australopitécidos (monos del sur)

- ✓ *Homo erectus*

- ✓ *Pre-sapiens*

- ✓ *Homo sapiens*

- ✓ *Homo sapiens sapiens* (el hombre actual)

1.4.3 UN ENIGMA Y DOS TEORÍAS

Lo que no está claro es cómo sucedió. La primera explicación científica fue brindada por Darwin, en 1870, quien plantea nuestra ascendencia simiesca.[12] Ello, lógicamente, fue muy criticado por considerarse ofensivo. Recién, en 1925, el profesor de anatomía Raymond Dart presenta al mundo científico el cráneo del Niño de Taung quien, a pesar de no mostrar el maxilar inferior con las características totalmente humanas —por la posición que ocupa la columna en la base del cráneo—, tenía la posición erecta: se trata del *Australopitecus Africanus*.

1.4.3.1 LA SABANA

Dart nos mostró un simio agresivo y la comunidad científica desarrolla la «Teoría de la Sabana»: hace, aproximadamente, 3 millones de años, por el cambio de clima, se redujeron los bosques y, tanto la variación de la dieta como el exceso de peso, así como la escasez de árboles, obligó a varias especies a bajar de ellos y vivir en el suelo. Desmond Morris, en su trabajo *El mono desnudo,*[13] nos presenta al hombre adoptando la postura erecta en la sabana e iniciando la caza para satisfacer sus necesidades carnívoras; es decir, como un depredador.

Análisis posteriores demuestran que este homínido debió ser más carroñero que cazador, ya que nuestras desventajas físicas frente a los animales de la época —como los tigres dientes de sable— son patentes, así que teníamos más probabilidades de desaparecer como especie que de lograr la supervivencia. Las cualidades mentales de las que ahora hacemos gala también son producto de la evolución; por lo tanto, el desarrollo intelectual también estaba en sus inicios y, en

---

12   DARWIN, Charles. Ob. cit.
13   MORRIS, Desmond. *El mono desnudo*. Barcelona: Plaza & Janes, 1971.

ese entonces, no nos otorgaba ventajas comparativas sobre los animales del entorno.

Se han buscado razones del bipedismo y de la falta de pelo en el cuerpo, así como de la grasa bajo la piel. Si nos comparamos con habitantes actuales de la sabana, no existe ninguno que tenga la piel como la nuestra. Las inclemencias del tiempo han orientado la evolución a mantener abundante pelo, sea para soportar al sol o el frío nocturno. Se ha tomado la temperatura al ras del suelo y, debido a que en la medida en que se aleja del suelo desciende, se pretende demostrar la adopción de la postura erecta como nuestra reacción para mantener la cabeza con menor temperatura, rasgo que ningún otro mamífero posee. Pareciera —debe acotarse— que es una cualidad de las aves. Asimismo, no existe otro mamífero terrestre que nazca con tan alta dotación de grasa bajo la piel, entre otras peculiares características.

Estas razones nos impulsan a encontrar teorías alternativas a la del humanoide de la sabana, de hallar hipótesis más acordes con nuestra realidad. El que los paleoantropólogos se hayan dedicado con exclusividad a demostrar esta teoría durante más de cuarenta años, y hayan eludido estas cuestiones, le quita mucha credibilidad.

1.4.3.2 EL MONO ACUÁTICO

Allister Hardy, biólogo marino y científico de Oxford, y, principalmente, Elaine Morgan, ama de casa galesa, esbozan otra alternativa: el mono acuático. Las similitudes entre los mamíferos marinos y el hombre explican la pérdida de pelo en el cuerpo, la capa de grasa bajo la piel, la configuración de las glándulas sudoríparas, la mayor necesidad de consumo de agua, así como la necesidad del control de la respiración para desenvolverse en un medio acuático mediante un uso especial del diafragma, el cual, además, facilita el lenguaje —dado que las emisiones de voz se efectúan mediante la expiración controlada de aire a través de las cuerdas vocales—.

Consideramos que estas adaptaciones se explican mejor con la vida acuática que con la sabana, en la que el bipedismo, también, constituye una desventaja en vista de que, generalmente, se corre mas rápido con cuatro patas que con dos. Por el contrario, cuando los primates ingresan a aguas semiprofundas, la posición adecuada es el bipedismo, y, de hecho, hasta la actualidad la adoptan, situación que explicaría por qué y cómo se logró la postura erecta y, por último, el hecho de que la dieta de peces y mariscos favorezca el desarrollo cerebral en los mamíferos, como lo prueban los delfines y las ballenas. Pese a todos estos hechos, la comunidad científica siguió por más de 40 años insistiendo en la teoría de la sabana. Los descubrimientos de los antropólogos Don Johanson (Lucy) y Mary Leakey (las huellas de Laetoli),[14] en la década de 1970, amplían el tiempo del «salto» a 5 millones de años y el análisis de la vegetación vigente alrededor de los primeros homínidos prueba que su ambiente no era la sabana africana, sino los bosques.

La configuración geológica del África de la época nos muestra un valle que corre paralelo a la costa noreste actual y que la cortaba longitudinalmente. Asimismo, evidencia que fue una sucesión de ríos y lagos alrededor de los

---

14   LEAKEY, Mary D. «Footprints in the Ashes of Time». En: *National Geographic.* N° 155, abril, 1979.

cuales se ubican la mayoría de los descubrimientos antropológicos de *Australopitecus* que hemos mencionado.

Aun más, hace seis millones de años hubo una invasión del mar alrededor de una cadena montañosa al noreste del África (los Alpes de Danakil), que, probablemente, aisló a nuestros antepasados de sus congéneres, y evitó las relaciones entre ellos y otras especies de simios superiores, lo que habría acelerado el proceso evolutivo humano.

1.5 LA SOCIALIZACIÓN Y LA COMUNICACIÓN

Paradójicamente, otra de las características de nuestra especie, compartida con la mayoría de simios superiores, es la vulnerabilidad. Debido a la falta de especialización en nuestro desarrollo físico —en relación con el resto de especies animales—, estamos en desventaja; por lo que, para sobrevivir, es indispensable reunirnos en grupos sociales. El hombre es un ser social. La etapa denominada primera infancia es la que va a determinar nuestra esencia: la adopción de la posición erecta, pasando por el lenguaje, hasta la capacidad de razonamiento son producto de la adquisición de la herencia cultural: todas las ventajas comparativas que han sustentado nuestro predominio en la Tierra. Pese a que, a lo largo de la historia humana han existido individuos que han optado por una vida solitaria, los niños que no tuvieron crianza materna, o quien se encargara de ellos, perdieron su condición humana.

Lo importante es el proceso de la adquisición de la técnica y sus resultados, todo lo cual implica un mecanismo de comunicación y por consiguiente un grado de socialización, pues no es posible la conservación ni el perfeccionamiento de la técnica sin la comunicación y el aprendizaje de las experiencias de otros individuos [...][15]

De otro lado, la sociedad no es exclusiva del hombre. Muchas especies dependen del grupo para subsistir, por lo que se ha planteado la idea de los «niveles de interacción social»:[16]

✓ Agrupaciones biosociales, propias de los insectos, en las que el aporte individual nunca llega a <<modificar, en forma duradera, la pauta típica de la especie>>. La «feromona» es la hormona que transmite esta información.

✓ Sociedades «psicosociales», en las que el jefe de la manada es quien tiene la capacidad de adaptarse a situaciones nuevas. Es el inicio de la derrota del «automatismo». Es propiedad de los vertebrados y, principalmente, de los mamíferos. Se desarrolla la «conciencia animal» o forma elemental del pensamiento práctico, en el que están presentes la memoria y la iniciativa.

✓ El nivel de la «abstracción» o la asimilación consciente, con la que se llega a una nueva dimensión de la realidad, en la que « [...] la posibilidad de transmisión de este progreso es lo que separa a la humanidad de la animalidad».[17]

---

15   SILVA SANTISTEBAN, Fernando. *Antropología. Conceptos y Nociones Generales.* Lima: Universidad de Lima y Fondo de Cultura Económica, 1998. p. 78.
16   SILVA SANTISTEBAN, Fernando. Ob. cit. p. 143.
17   SILVA SANTISTEBAN, Fernando. Ob. cit. p. 144.

Entre las agrupaciones biosociales, la forma de comunicación es prominentemente química. En el programa de *History Channel* previamente citado, la Ph. D. Deborah Gordon nos muestra sus investigaciones sobre la comunicación entre hormigas, la cual se efectúa sin señales, sin una organización jerárquica mediante la cual se transmitan órdenes. Los hidrocarburos son los responsables de su conducta. Determinadas combinaciones de este compuesto químico las diferencian de otras agrupaciones de su misma especie. Incluso, las funciones que cada miembro de sus grupos sociales cumple dentro de la organización tiene relación con ella, mas otros factores como que la velocidad de la llegada de las encargadas de ubicar las áreas de abastecimiento incita a la acción a las hormigas responsables de la recolección de víveres, quienes siguen el rastro químico dejado por la primera y llegan al destino previsto. En el caso de las abejas, se ha estudiado la «danza» que efectúan las encargadas de ubicar los sitios de «cosecha», quienes, a su llegada formando «ochos» en su desplazamiento, «dicen», con movimientos del abdomen, la ubicación de las fuentes de sustento —según algunos etólogos tiene relación con la ubicación solar—. Es más, podría ser un esfuerzo para diseminar el «aroma» que han venido dejando por el camino de regreso. Últimas investigaciones efectuadas en Brasil, nos presentan una evolución en la comunicación de esta especie.

En un artículo consultado se muestra que, a la forma tradicional de comunicación en la que el insecto «rastreador» deja una estela en el aire que siguen las recolectoras, la que, por ser insegura —ya que abejas de otras colmenas pueden detectar y llevarse el néctar—, ha originado un nuevo sistema, en el cual las huellas químicas se van dejando parcialmente.[18]

Mediante estos ejemplos, pretendemos sustentar las afirmaciones acerca de los estímulos ambientales y las respuestas individuales, siempre y cuando, primero sean percibidas. Desde las referencias hasta las comunicaciones intercelulares.

Entre las agrupaciones «psicosociales», las formas de comunicación son muy complejas, como lo demuestra el Ph. D. Constantine Slobodchikoffen, mediante la investigación que ha realizado, durante más de 20 años, respecto del lenguaje de los perros de las praderas. Sobre la base de dicha investigación, sostiene que estos animales utilizan un lenguaje tonal —como el chino—, en la que la distinta combinación de los tonos confiere distintos significados. Por tanto, ha postulado que son capaces de tener un lenguaje que incluye adjetivos como los colores, es decir, que pueden denominar al animal que los acecha, incluyendo su color. Para verificar sus afirmaciones, grabaron las comunicaciones de perros ante el paso de asistentes de investigación que vestían totalmente de azul, primero, y, después, de rojo. La grabación nos muestra que «avisaban» acerca de las diferencias de colores.

En casi todas las agrupaciones «psicosociales» mientras el grueso del grupo se dedica a sus tareas habituales, sea de sustento o de ocio, generalmente se apostan «vigías» que, atentos, van escudriñando todos los alrededores. Cuando perciben cualquier amenaza, emiten señales a todo el grupo que reacciona casi simultáneamente: las crías acuden a sus madres y todos los adultos buscan el refugio adecuado: si la amenaza viene por aire buscan mimetizarse con el medio; si viene por tierra, buscan zonas altas o madrigueras, etcétera. Quien no «comprende» bien el sentido de la alarma, muere. ¿Significa que poseen un tipo de lenguaje?, ¿usan símbolos distintos para alertar acerca de la naturaleza del peligro que acecha?. De ser afirmativa la respuesta: ¿implica que usan sustantivos?

Ya que los sonidos deben reflejar la naturaleza de la amenaza, es lógico deducir que cada una de ellas tiene un sonido diferente: exactamente como distinguimos fonéticamente un objeto de otro. ¿Tienen conciencia del pasado y del futuro?. Pareciera que todas estas interrogantes

18   En: <http://www.ahorausa.com>. Consulta del 3 de septiembre de 2009.

tuviesen respuestas afirmativas y, por lo tanto, que el humanoide en proceso de hominización, probablemente, pasó por estas formas de comunicación, con lo que es posible afirmar que el salto de mono a hombre no es tan grande como lo hemos estado suponiendo.

En cuanto a nuestra agrupación social, solo queremos señalar que las fuerzas más importantes que impulsaron la sociedad humana son el largo período que toma el niño en hacerse independiente —lo que determina una mayor duración de la familia—, la dependencia entre los miembros del grupo para subsistir —como la defensa o el ataque—, y por último, la transmisión de la herencia cultural.

1.6 LAS SIMILITUDES ENTRE LAS SOCIEDADES DE PRIMATES Y LA HUMANA

Con el fin de acercarnos mejor al momento del «salto cualitativo» del mono a hombre, y para diferenciar cuánto es exclusivamente humano y cuánto es heredado, es interesante analizar el comportamiento social de los actuales papiones —catalogados en el segundo nivel de interacción social—.

Caso I

La organización social básica de esta subfamilia es la matrilineal: mientras las hijas se mantienen al lado de la madre, los hijos permanecen en el grupo hasta que pueden desempeñarse solos. Después emigran o el macho dominante los expulsa, por lo tanto, **las hembras constituyen el grupo permanente y fijan las características genéticas del grupo.**

Hay una sola excepción: los hamandrias.[19] Ellos forman manadas de cientos de individuos subdivididos en bandas, clanes y familias. «Los miembros de una misma unidad social interactúan unas diez veces más a menudo entre ellos que con los "forasteros" pertenecientes a la siguiente unidad [...] ».[20]

Las familias permanecen unidas por más de tres años, independientemente de la accesibilidad sexual de la hembra. Por lo tanto, las relaciones no se fundan exclusivamente por razones sexuales. El macho dominante camina adelante, seguido, en fila india, por su harén. Este macho, a veces, utiliza mucha energía para mantener el mencionado orden. Si la madre es raptada, los hijos permanecen en el clan del padre para heredar las hembras que él deja. Un núbil —sin la fuerza necesaria para formar su propio harén— camina entre la madre y la hembra elegida hasta acostumbrarla a seguirlo, mientras el resto de la familia respeta la elección. Los machos más fuertes de un clan no arrebatan a las hembras de los más débiles de su mismo clan.

Las decisiones sobre las rutas que se debe seguir son adoptadas en conjunto. En ellas intervienen, incluso, los machos adultos fuera de su etapa reproductora y, por lo tanto, sin harén. Los hamandrias de Cone Rock, en Etiopía, conforman una manada de 236 miembros, agrupados en tres bandas de 67, 91 y 78 integrantes, respectivamente. La banda de 67 se divide en tres clanes de 30, 14 y 23, por ejemplo. Un clan se subdivide en tres familias, en las que cada macho

19   «Una sociedad dominada por el macho». En: ALMAZÁN, M.D., M. RIAMBAU, M. MARTÍNEZ, V. VILLACAMPA y E. BACHS Ob. cit. p. 394 - 395.
20   «Una sociedad dominada por el macho». Ob. cit. p. 394.

dominante «posee» 8, 6 y 16 miembros.

Comentarios

El asombro que nos causa estas conductas solo es comparable con la falta de razones que justifican la causalidad de su proceder: si bien la determinación del camino por seguir está relacionada con la búsqueda del sustento, ¿con qué lenguaje acuerdan rutas? El hecho de que «respeten» a las hembras de los machos dentro de cada clan: ¿implica un acuerdo?, ¿cómo acuerdan y difunden sus «leyes»?, ¿es importante el número de miembros en cada familia?, ¿es una demostración de poder?, ¿ambicionan o desean poder?

Todas estas interrogantes atribuyen características hasta ahora consideradas exclusivamente humanas, y, aunque este comportamiento es producto de la misma cantidad de años de evolución que tiene el hombre —dado que se trata de un estudio contemporáneo—, nos demuestra, por un lado, la capacidad de la naturaleza de dotar a otras especies de conductas sociales que muy bien pudieron ser adoptadas por el simio antes de ser homínido, y por otro, que nuestra cercanía con el resto de especies no se produce únicamente en un plano biológico, sino, también, en un ámbito conductual-social.

Caso II

Otra especie de papiones, los papiones oliva,[21] permanecen juntos todo el tiempo mientras viajan, comen y duermen en manadas de, entre, 30 y 150 miembros, en los altiplanos del África Oriental. Las relaciones de las hembras con los machos adultos y jóvenes son el elemento que los mantiene unidos. Los jóvenes se marchan voluntariamente, uno a uno, para sumarse a nuevas manadas.

Entre las hembras, se tejen redes de relaciones que se extienden hasta tres generaciones —que llegan a incluir a primas en primer grado—. Cada hembra ocupa un rango inmediatamente inferior al de su madre. Cuando descansan, los parientes se reúnen alrededor de la hembra más vieja de la familia para asearse. Las peleas entre hembras son raras, los «saludos» con la presentación de la planta del pie, la cola alzada y una mueca de miedo —que implican el reconocimiento de un status inferior— son suficientes para mantener la armonía de la manada.

Lo que más nos llama la atención son las relaciones «amicales» que se establecen entre las hembras adultas y los machos. Las hembras pasan la mayor parte de su vida adulta cuidando a sus crías o en estado de preñez, épocas en las que no se aparean. Por ejemplo, en una manada de 35 hembras adultas, la mayoría entabla «amistades» con no más de tres machos adultos de los 18 que cohabitan en su manada. Las diferentes hembras escogen a diferentes machos y manifiestan su afecto mediante abrazos frecuentes así como con el consabido aseo, además de evitar contacto con el resto de machos.

Esta «amistad» pareciera que se debe a la ayuda contra la agresión de otros machos —que, generalmente, doblan en peso a las hembras—, aunque esta acción no se efectúa invariablemente, así como por el cuidado que los machos «amigos» brindan a sus crías. Los vínculos entre los jóvenes y el amigo de la madre persisten durante años.

---

21   «Una sociedad dominada por el macho». Ob. cit. p. 393.

En esta manada, la mayoría de las hembras, cualquiera fuese su edad o rango, solo tenía dos amigos; los machos que vivían más tiempo en la manada —los de más edad— tenían entre 5 y 6 amigas —todas de la misma organización matrilineal—, y los que residían menos de seis meses no tenían ninguna.

El proceso de ingreso de los machos jóvenes se realiza a través de la conquista de una hembra, conseguida vía gestos amistosos cada vez que ella lo mira —suaves gruñidos, chasquidos de labios y, si la hembra lo permite, aseándola—. La habilidad del macho para competir con sus semejantes en la manada determinará qué estatus tendrá dentro del grupo; si no logra trabar amistad con una hembra no podrá quedarse por mucho tiempo, ya que es ella quien lo presenta a su grupo familiar.

Comentarios

La hembra prefiere copular con los machos con los que ha entablado «amistad», sin embargo, esta situación solo se presenta después del año de haber parido. ¿Los machos cultivan tal relación para obtener una compensación tan tardía?. Por tanto, las motivaciones sobrepasan al puro instinto sexual. ¿Es una relación amical?, ¿no sería éste un aspecto muy antiguo y fundamental en la naturaleza humana?

Sin embargo, la distancia entre los sistemas de comunicación entre los humanos y el resto de antropoides es muy grande. En los chimpancés, se ha comprobado que, aunque pueden expresar sus emociones e intenciones en un «idioma» que trasciende los límites de su grupo social natal —las hembras migrantes logran comunicarse e, inmediatamente, buscan lograr un estatus dentro de la manada escogida—, su capacidad para estructurar frases o dar instrucciones es mucho más limitada que aquella que poseen los niños.

Lo cierto es que el Ph. D. Jared Taglialatela, mediante la aplicación del Pet Scanner en cerebros de chimpancés en el momento en que efectuaban procesos de comunicación, ha demostrado que, tanto humanos como chimpancés, tienen el «Área de Broca» ubicada en el mismo lugar del cerebro y que se activa cuando se comunican. Además, demuestra que los chimpancés utilizan el mismo sistema de comunicación interpersonal —sonidos, gestos faciales y posturas— que nosotros.

II.- La Historia de la Comunicación

Hemos seleccionado siete procesos en la historia de la humanidad que, a nuestro entender, son los que definen la comunicación. Consideramos que ellos han tenido las consecuencias más relevantes en el desarrollo humano, de acuerdo con el horizonte de sentido tradicional con el que se viene conceptualizando la comunicación. De los siete, los tres primeros tienen una aceptación general como fenómenos de comunicación: el habla, la escritura y la imprenta.

Con el desarrollo tecnológico, tal acuerdo ya no es tan evidente, por lo que estimamos prudente presentar los que entendemos como relevantes —resaltamos, entre ellos, al lenguaje cinematográfico por sus características especiales—, y esperar el consenso necesario para completar, en las épocas modernas, esta secuencia histórica.

Sometemos a su consideración: la industrialización del periodismo, la era de la «Tele» —en el sentido de la palabra griega que significa «a distancia»—, el lenguaje cinematográfico y la Internet.

2.1 EL HABLA

2.1.1 ¿QUÉ ES EL HABLA?

El habla es la materialización del pensamiento cuando —si aceptamos la teoría de la evolución— una especie de animales deja de luchar solo por sobrevivir, o quizás, su supervivencia depende de que empiece a inteligir —pensar, razonar, abstraer—, es decir, a conocer la realidad mediante la razón, para modificarla en su provecho y —lo que es tan importante como conocerla— compartir sus experiencias, con el fin de comprobar lo aprendido.

El proceso mental de abstraer, de sustantivar, de ponerle nombre a las cosas, implica la atribución de características que generalizan lo concreto de la realidad en categorías mentales que, al tiempo que despersonalizan al objeto, nos da la posibilidad de comunicarnos. El momento en que convertimos «mi casa» en «la casa», es aquél en que podemos comunicar el concepto del espacio con techo y paredes, adaptado para vivir; cuando dejamos la teoría kantiana de «lo puesto» (por mí), y asumimos la husserliana de la conciencia de lo «mostrado» por la cosa. Nuestra tarea es «develar» al objeto, correr con la razón, una a una, las cortinas de misterio que lo envuelven: conceptualizarlo.

Para transmitir un concepto, los hombres lo convierten en una «imagen acústica»,[22] que se emite mediante un proceso físico: por acción del viento sobre nuestras cuerdas vocales causamos sonidos y, por medio de una modulación efectuada con la cavidad bucal, nasal, con los dientes y la lengua, se transmite por el aire en ondas con un sonido particular. El oyente, al percibirlo con el oído, lo traduce en energía, que, en el cerebro, se reconoce equivalente al concepto que nuestro interlocutor deseaba comunicar.

---

22   DE SAUSSURE, Ferdinand. *Curso de lingüística general.* Buenos Aires: Editorial Losada, 1945. p.54.

Esto implica un acuerdo sobre el significado de cada conjunto de sonidos que reconocemos como expresiones: el significante. Para Saussure, este acuerdo sobre el significante de cada significado es arbitrario; pero, esto implica una contradicción: ¿cómo se logró que toda una comunidad lingüística concordara sobre el significado de cada palabra al gestarse un idioma?. Gabriel García Márquez presenta un magnífico ejemplo al respecto: «El mundo era tan reciente, que muchas cosas carecían de nombre, y para mencionarlas había que señalarlas con el dedo».[23]

Es pertinente recordar las investigaciones de Piaget sobre el desarrollo del lenguaje en bebés. Al margen de las conclusiones que alcanzó, en primer lugar, descubrió que hay dos etapas bien definidas en este proceso: a la primera la denomina lenguaje egocéntrico o *ecolalia*. La define como un período que se inicia con una repetición de sonidos que imitan la sonoridad de nuestro lenguaje sin que pareciera importar el significado, como si fuera educando a su aparato fonador con el fin de poder controlar las modulaciones para reproducir los sonidos que escucha.

Posteriormente, manifiesta Piaget, se asocia la acción al sonido y empieza un segundo momento en que su lenguaje se convierte en un monólogo sin que parezca interesarle a quién va dirigido, solo imita las modulaciones sonoras del habla como si estuviera hablando en una lengua extraña con sonidos sin significados.

Recién entonces aparece una función social, en una segunda etapa, cuando comienza a relacionar sonidos con significados. Es decir, recién aparece la necesidad de hacer concordar los sonidos con los conceptos, según la convención social de la comunidad en que se desenvuelve. Identifica la figura materna con la palabra «mamá». Piaget acepta la capacidad de identificación, de reconocerse a sí mismo; aun más, nos habla de una etapa en que el niño no diferencia el entorno de su «yo», como si concibiera a todo lo que lo rodea como parte de él. Nos habla del lenguaje egocéntrico e, incluso, fija esta modalidad hasta la edad de siete años.[24]

Si en la actualidad se presenta todo este proceso y, estando presente en todo bebé hasta la niñez, no es muy aventurado suponer que también lo estuvo en los albores de la humanidad, así como en los albores del habla misma.

Para efectos de esta investigación, es necesario resaltar que nuestra hipótesis de que el sujeto de la comunicación es el receptor, explica mejor todo este proceso, en comparación con aquella según la cual se parte de que la comunicación tiene por fin emitir mensajes. Resumiendo el proceso: primero, imita sonidos que «escucha» buscando la similitud en las modulaciones, sin reparar en el significado —como la hace cualquier ave parlante—; posteriormente, debe averiguar la relación sonido-objeto y, de acuerdo con las manifestaciones que «percibe», va confirmando que logra «hacerse escuchar» cuando se dan las características de diálogo que hemos definido.

No nos toca determinar cuál fue el camino en el proceso de hominización, pero, sí, tomar conciencia de que aludimos a un fenómeno intelectual que no deja huellas materiales, lo que nos obliga a buscar restos de expresiones culturales: el uso del fuego, los entierros, la fabricación de herramientas. ¿Cuándo se comienza a hablar-pensar?, ¿fue en un momento determinado?, ¿fue un proceso?. La cantidad de interrogantes se asemeja al tiempo transcurrido y dificulta la fijación de fechas. El cambio se inicia cuando las hormonas o el instinto ya no justifican la transmisión de información de padres a hijos: cuando interviene la razón, cuando aparece el habla.

---

23   GARCÍA MÁRQUEZ, Gabriel. *Cien años de soledad*. Buenos Aires: Sudamericana, 1967. p.9.

24   Cf. PIAGET, Jean. *El lenguaje y el pensamiento en el niño. Estudio sobre la lógica del niño*. Buenos Aires: Guadalupe, 1968.

Cinco millones de años atrás, fecha en la que la biología molecular y la paleontología, tanto humana como botánica, concuerdan en la separación entre el mono y el hombre, vemos a los *Australopitecus* —el Afarensis es el más antiguo— iniciar el camino hacia la hominización. Johanson los considera humanos, ya que pensaban y fabricaban herramientas de hueso, así como por su uso del fuego. Mas sus teorías tienen fuertes oposiciones.[25]

Hace dos millones de años, aproximadamente, encontramos al *Homo Habilis*, que, con sus primitivas hachas de piedra, se enfrenta al mundo. Cabe preguntarnos: ¿ya pensaba?. Hace millón y medio de años, hallamos al *Homo Erectus*, con paso seguro. Sin embargo, todavía no presenta la totalidad de las características del hombre actual, por lo que la comunidad científica aun no llega a un acuerdo respecto de si solo hubo una línea de evolución hacia el hombre o si fueron varias líneas. Asimismo, algunos estudiosos solo reconocen como antepasado del hombre actual al *Homo Sapiens* y descartan tanto a los Neandertales como a los Cromañón, a los que cataloga como líneas que se extinguieron, y consideran, por tanto, únicamente al *Homo Sapiens Sapiens* moderno como nuestro antepasado directo, con una antigüedad de aparición que no sobrepasa los 35.000 años.

El hombre, indudablemente, estuvo muy ocupado durante todo este tiempo. La supervivencia en un medio tan hostil fue muy dura. Solo en los últimos 400 mil años ha habido cuatro periodos glaciales —el último aconteció hace 12 mil años, aproximadamente—,[26] durante los cuales el hombre sobrevivió gracias a que aprendió las técnicas para soportar el medio y conseguir la alimentación; así, pues, para no morir, debía migrar siguiendo a sus presas y buscando el clima más apropiado para sus condiciones biológicas.

El dominio del fuego amplió la duración del día consciente, pues le permitió continuar en vigilia durante la noche; atemperó el frío diurno y nocturno; lo defendió del ataque de las fieras o de otros hombres; le sirvió como un arma de caza; así como ablandar sus alimentos. Pero, antes, debió dominar el miedo que, naturalmente, produce el fuego a todas las especies, lo que implica, necesariamente, una racionalización sobre él, así haya sido de carácter religioso.

Los mitos son una forma de racionalizar explicaciones, y, aun con enormes cargas religiosas —dogmáticas—, dictan normas y procedimientos técnicos para resolver los problemas prácticos que la realidad nos plantea. Los antiguos griegos consideraban que Prometeo les confirió el don del uso del fuego. Muchas tradiciones le han atribuido características divinas al fuego y no tenemos conocimiento de alguna cultura que no lo maneje.

Mas el fuego no fue suficiente. Las variaciones climáticas han sido la principal causa de la extinción de las especies y aquellas que sobrevivieron lo consiguieron por su capacidad de adaptación, lo que supuso reemplazar sus fuentes de alimentación.

La agricultura, que recién apareció hace 10 mil años, aproximadamente, demandó una serie de conocimientos para convertirse en un reemplazo sostenible de la caza o la pesca, o, en todo caso, hasta llegar a transformarlas en complementarias. Si bien, tanto la caza como la pesca, tienen variables mucho más difíciles de manejar que aquellas que plantea la agricultura, las plantas están estrechamente conectadas con el sistema ecológico —clima, estación, etc.—, lo que significa que la agricultura es una de las actividades extractivas más riesgosas. Para predecir sus variables, es necesario conocer el desarrollo de la mecánica celeste, generalmente, asociada a mitos y a rituales religiosos. No existe imperio que no nos haya legado restos arqueológicos

25   V. JOHANSON, Donald, Edey MAITLAND. *Lucy, the Beginnings of Humankind*. St Albans: Granada, 1981.

26   mboned@inm.es (03.02.09 .07.54am

con referencias a los solsticios, por ejemplo, a través de «ventanas» por donde el Sol ilumina precisamente a un objeto al amanecer, en el día del solsticio.

Cada día existe más consenso acerca de que Stonehenge cumplía esa función; el Intiwatana, en Machu Picchu, es considerado un reloj solar, y los incas tenían, en la cuenca del Titicaca, además, otros templos que marcaban los solsticios. Otro ejemplo de ello son los restos Anasasis en América del Norte, los mitos de nativos de la selva peruana que asocian la cosecha del maíz con la aparición de determinada estrella, etc.; y las culturas mesopotámicas, de las cuales hemos heredado la astronomía y la astrología.

Así pues, la agricultura nos remonta a las estrellas para responder a las incógnitas de cuándo sembrar, cosechar, etc., así como para armonizar con la lluvia, la crecida de los ríos, la cantidad de sol y de sombra, entre otros elementos. Todo lo mencionado nos presenta al agricultor como un conocedor profundo de la naturaleza y de las condiciones de las buenas cosechas que permitan la vida de poblaciones cada vez más grandes. La posibilidad de programar el abastecimiento brindó al hombre la tranquilidad necesaria para dedicarse a su desarrollo personal.

Por lo tanto, la agricultura fue una revolución que liberó al hombre de los rigores de la trashumancia, y lo llevó al tiempo que signó el inicio de la acumulación de sabiduría y riqueza. La necesidad de escoger el lugar apropiado para fijar residencia —junto al río y a orillas del mar o el lago que le permita la pesca, lo que parece ser lo más adecuado...—, así como permanecer en espera de la cosecha, le permitió un tiempo de creación para robustecer sus viviendas, el dominio de la alfarería, el cultivo de los cantos, las tradiciones orales, así como la transmisión de la herencia cultural.

En la actualidad, persisten sociedades analfabetas que delegan a un buen número de sus integrantes la tarea de memorizar las tradiciones, debido a que tienen conciencia de que confiar en la memoria individual implica perderlas. Historia, leyes, normas, mitos y costumbres —que constituyen su esencia— deben transmitirse fielmente a la mayor cantidad de gente, porque les ha permitido una supervivencia exitosa.

En cuanto a la fijación de la fecha de aparición del habla, consideramos que, en vista de que la fabricación de armas para la caza es imposible sin el adiestramiento para hacerlo, ello implica un sistema de comunicación y que, sumado a otras manifestaciones culturales como el uso del fuego o los entierros ya se cumple con las condiciones para catalogar a esos seres como hombres, condiciones que e presentan hace dos millones de años. En tal sentido, es posible fijar la aparición del habla, tentativamente, alrededor de esas épocas.

Queremos resaltar que los antecedentes del habla no se pueden reducir a fijar la fecha en que se presentó y que el desconocimiento existente sobre su origen se explica por lo complicado de su naturaleza, sobre la cual aun no se ha producido un acuerdo.

Reiteramos que, el método —camino correcto para encontrar— platónico, establece que, para iniciar un tema, es necesario definir, primero, el objeto sometido a discusión. Entonces: ¿qué es el habla?. Como hemos visto, es algo muy complejo, es decir, indefinido, ya que incluye muchas variables, algunas de ellas, contradictorias; más aun, si en un empeño historicista, tratamos de establecer su origen. Por ello, hemos seleccionado varias definiciones para exponer la complejidad de su esencia y la insoluble cuestión sobre su origen.

2.1.1.1 DEFINICIONES FILOSÓFICAS DEL HABLA

Platón, en el diálogo *Cratilo*,[27] divide en dos las principales posturas para definir la naturaleza del lenguaje: a) la postura de Hermógenes, quien sostiene que es producto de una convención social, y b) la esbozada por Cratilo, que afirma que, en el asunto de las denominaciones —ponerle nombre a las cosas—, se debe mirar « [...] lo que por naturaleza es la denominación de cada cosa [...] » ,[28] es decir, que el nombre tiene que reflejar la esencia de lo que denomina. Aún más, aclara que existía un grupo de especialistas —los «nomotetes»—, encargados de esta función, quienes tenían como supervisores a los «dialécticos» —los que saben preguntar y contestar—.[29]

Cratilo distingue el plano material del campo de las ideas o formas. Insiste en que, al nominar una cosa, debe « [...] imponer[se] en las letras y sílabas [su] forma [...] »[30]. De *eidos* —idea o forma—, Kant plantea la teoría de que, ante una realidad caótica, el hombre estructura una lógica que la ordena para tornarla comprensible. En ambos casos, es el pensamiento el que, de la multiplicidad de lo concreto, abstrae la unicidad conceptual de las ideas o formas, en la cual las cosas comparten las características que las definen, y las distinguen del resto. En el primer caso, las clasifica en género, número, especie, etc.; y en segundo, son categorizadas por la mente, y, de ese modo, ordena el mundo.

La dificultad está en explicar el nexo entre el mundo material y nuestra mente.

La relación entre el pensamiento y la palabra es evidente porque es su materialización y debido a que la existencia del lenguaje presupone el desarrollo de la inteligencia. ¿Cómo el mundo material ingresa a nuestra conciencia?, ¿por qué las ondas sonoras significan algo para nosotros?, ¿qué estructura mental nos permite identificar cada cosa a nuestro alrededor?.

La dialéctica de Platón nos propone este esquema: teniendo conciencia de que el concepto de identidad es eminentemente ideal, pues, en realidad, es una aspiración que busca la mayor aproximación posible, dada la alta improbabilidad de que se encuentre dos objetos materiales idénticos. Darle forma conceptual es una facultad humana; por ejemplo, la denominación «mesa» abarca a todos los objetos con la misma característica: tablero sostenido por patas. En resumen, es la facultad mediante la cual llevamos la realidad al conocimiento.

En *La República,*[31] el filósofo en cuestión esquematiza el proceso de abstracción, desde la ruta de la diversidad de la realidad a la estructura conceptual, y de allí al mundo de la unidad: los conceptos metafísicos.

---

27   PLATÓN. *Cratilo o de la exactitud de las palabras.* En:«Obras completas». Madrid: Aguilar, 1966.
28   PLATÓN. *Cratilo o de la exactitud de las palabras.* Ob. cit. 300 e.
29   PLATÓN. *Cratilo o de la exactitud de las palabras.* Ob. cit. 300 c.
30   PLATÓN. *Cratilo o de la exactitud de las palabras.* Ob. cit. 300 e.
31   PLATÓN. *República.*(Libro VI, 509d.Alegoría de la línea). Madrid: Gredos. 1992.

Símil de la Línea

Bien

Operaciones Del alma

Opinión	**Conocimiento**
Conjetura Creencia	*Pensamiento Inteligencia discursivo*

Objetos

Imágenes Objetos **Mundo Visible**	Objetos matemáticos Objetos dialécticos **Mundo Inteligible**

Propone este símil para determinar aquello de lo que es posible tomar conciencia, lo que nos permite relacionarnos conscientemente con el mundo; de la forma de comunicación, del proceso del habla, que, en sí mismo, encierra una doble naturaleza: el aspecto físico —ondas sonoras o significante— y su nexo con el conceptual o metafísico —significados—, que le permite hacer de puente entre la parte superior e inferior de la línea.

Así, en el mundo visible —la parte inferior— existen imágenes que son reflejo de los objetos físicos: los objetos físicos en sí mismos, el mundo sensible.

El mundo real —por tener existencia al margen de cada individuo—, por un lado, está conformado por objetos matemáticos que no están vinculados directamente con algún objeto material específico, y, más bien, tienen la capacidad de ser expresados numéricamente —absolutamente a todos, inclusive simultáneamente— en total incongruencia y mucho más allá de lo que nos dictan los sentidos —los números irreales, las cantidades inimaginables—; por otro, encontramos conceptos que son producto de la lógica y la dialéctica que dicta la razón de cualquier hombre y de la mayoría de quienes mediten en ellos: es la verdad por acuerdo —la posición de Hermógenes en el *Cratilo*—, el mundo inteligible.

Al otro lado de la línea —la parte superior—, se encuentran las operaciones que realiza la mente, que incluye la función de determinar el grado de verdad que existe en cada cosa que ingresa por nuestros sentidos hasta lograr la certeza del conocimiento. Es decir, establece la definición que nos brinda la paz y armonía necesarias para seguir desarrollando nuestra comprensión del entorno en pos de actuar correcta y razonablemente, y, así, conseguir nuestros propósitos.

Por último, fuera de este ámbito, Platón sitúa a los «principios», que no tienen fundamento lógico y que son aceptados *per se*, como los valores, entre los que se encuentra el «motor" de este proceso»: la búsqueda del Bien.

En la definición del habla que hasta el momento hemos revisado —de acuerdo con la filosofía platónica-, resaltamos una de sus funciones: establecer el nexo entre lo material y lo conceptual. Asimismo, determinamos su naturaleza dual: física – metafísica; con la conciencia de que aún no hemos definido cómo se efectúan estas operaciones «del alma», así como que, tampoco, se ha definido los elementos que la componen.

El lenguaje cumple, entre otras, estas funciones:

- Abstrae del mundo material los conceptos que unifican y determinan su diferencia del resto: acto de denominar, relacionar y comprender para actuar con eficacia sobre la realidad, en coherencia con los objetivos que buscamos.

- Confronta nuestra realidad con el resto de congéneres de la especie, en busca de la convención social —tesis de Hermógenes—: la objetivación para lograr certeza, tanto del exterior como de nosotros mismos, en cuanto diferentes del entorno.

Estudiosos del pensamiento platónico como Reale,[32] resaltan «la segunda navegación»[33] y «la doctrina no escrita»,[34] en las que Platón habría establecido una dialéctica de «segundo nivel» en la que los conceptos que unifican la diversidad material, a su vez, se unifican en criterios «universales»: conceptos que no especifica claramente en toda su obra, pero de los que existen varias referencias. Incluso, añade, aparecen en su obra consejos para darles el tratamiento adecuado: « [...] no harás confusión [al poner] juntamente el *principio y las consecuencias* [...] Pero tú, si eres filósofo, harás [...] lo que digo».[35]. Reale nos sugiere denominar *protología* a este segundo nivel.

Aristóteles (384-322 a.c.), en su Metafísica,[36] también distingue entre forma y materia, a pesar de considerarlos inseparables. En su *Retórica,*[37] establece tres elementos para la comunicación: «La persona que habla, el discurso que pronuncia y la persona que escucha».

Posiblemente desde entonces, se originó la preeminencia en el análisis por quien pronuncia el discurso sobre quien escucha. Desde entonces, tal vez, a quien escucha le asignamos una función pasiva en el proceso. Pero, sobre los cimientos de su discurso, intentamos colaborar en la construcción de ese hermoso edificio que es la ciencia. Y el estagirita ya enumera tres elementos en la comunicación.

Ludwig Wittgenstein inicia sus *Investigaciones Filosóficas,*[38] con una cita de San Agustín, en las *Confesiones* (I.8),[39] en la que el Padre de la Iglesia se refiere a la «enseñanza ostensiva de

32   REALE, Giovanni. *Platón. La Metáfora de la «Segunda Navegación» y el Revolucionario Descubrimiento Platónico del Ser Inteligible Meta-Sensible*. Barcelona: Herder, 2001.
33   Fedón, 99c –d.
34   REALE, Giovanni. Platón. La Metáfora de la «Segunda Navegación» y el Revolucionario Descubrimiento Platónico del Ser Inteligible Meta- Sensible" Ob. cit. 101c – 102a.
35   REALE, Giovanni. *Platón. La Metáfora de la «Segunda Navegación» y el Revolucionario Descubrimiento Platónico del Ser Inteligible Meta- Sensible"* Ob. cit. 101c – 102a.
36   ARISTÓTELES. *Metafísica*. 1ª reimpresión. Madrid: Gredos,1988.
37   ROBERTS, W. Rhys. «Rethorica». En: ROSS, W. D. (ed.). *The Works of Aristotle*. vol. XI. London: Oxford University Press, 1946, p.14.
38   WITTGENSTEIN, Ludwig. *Investigaciones Filosóficas*. México: UNAM –CRíTICA. 1988.
39   SAN AGUSTÍN. *Confesiones*. Iquitos, Perú. Colegio Particular San Agustín: 2004. p. 12

las palabras». Es decir, Agustín de Hipona alude al método mediante el cual, al señalar el objeto y pronunciar su nombre, se retransmite el lenguaje: la convención sobre el nombre de los objetos, de padres a hijos, de maestros a alumnos. Sin embargo, Wittgenstein considera insuficiente esta explicación para englobar todas las dimensiones que involucra esta misteriosa facultad que nos permite compartir nuestro mundo interior con el mundo externo y con el resto de la humanidad.

El segundo Wittgenstein compara al lenguaje con las reglas que existen en todo juego. Tenemos la más amplia libertad de desempeño, la facultad de crear, mientras no quebremos las reglas. Asimismo, compara la diacronía de Saussure con el crecimiento de una ciudad a los suburbios, con un racimo de uvas en el cual desde el tronco se va ramificando con ilimitadas posibilidades: la relación entre los «juegos del lenguaje» y el «mundo de la vida».

2.1.1.2 DEFINICIONES CIENTÍFICAS DEL HABLA

Ferdinand de Saussure,[40] en las clases que dictó en Lovaina (1906-1911) sobre el objeto de la lingüística —que sus discípulos vierten en la Introducción, el capítulo III de *La lengua, su definición*—; resaltó el carácter dual de este fenómeno y destacó que « […] el sonido es el instrumento del pensamiento».[41] De Saussure subrayó que la lengua es parte del lenguaje, facultad humana, y que la convención social sobre el uso individual de la lengua es el habla. Sin embargo, la define como la capacidad « […] de constituir un sistema de signos distintos que corresponden a ideas distintas».[42]

Debemos añadir que, en la distinción entre lengua y habla, plantea dualidades que van más allá de lo referente al «significante» y al «significado», de «lo social» y «lo individual». Resaltamos, también, las alusiones a la «sincronía» y la «diacronía», que aportarían una explicación para las variaciones del lenguaje en el tiempo.

Su modelo del «circuito de la palabra»,—que, a nuestro entender conserva vigencia— nos sitúa ante el «acto individual», en el que considera que, para que su verificación deben haber, como «mínimum exigible» dos personas.[43] En éste, también es posible discernir tres elementos: dos personas y un concepto o «imagen» acústica.

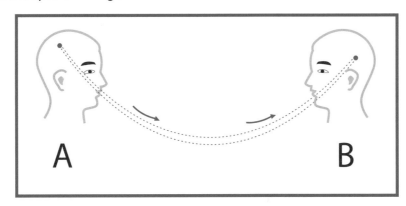

---

40   DE SAUSSURE, Ferdinand. Ob. cit. p. 49 y ss.
41   DE SAUSSURE, Ferdinand. Ob. cit. p. 50.
42   DE SAUSSURE, Ferdinand. Ob. cit.p. 53.
43   DE SAUSSURE, Ferdinand. Ob. cit. p. 54

Aún más, en sus comentarios sobre el modelo, distingue entre las partes físicas y las «psíquicas>> y, entre las últimas, señala a las *imagen* y al *concepto* «que le está asociado».[44]

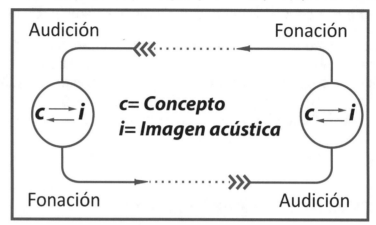

En su análisis sobre el signo lingüístico, sostiene que une a la imagen con el concepto: «La imagen acústica [es] su huella psíquica».[45]

Establece, además, que la lingüística forma parte de otra ciencia: la semiología, ciencia que estudia los signos, y que, a su vez, es parte de la psicología.[46]

Definitivamente, la lingüística está dentro de otra ciencia, capaz de analizar todo el fenómeno. El habla y la escritura son parte de la comunicación, pero ella no se reduce a los signos. El problema está en la relación entre esos signos, que cada uno de nosotros percibimos por los sentidos y mediante nuestra mente. De Saussure reconoce a la psicología como un conjunto mayor, empero, el divorcio se halla en la confrontación con la realidad.

La idea o forma no solo es de carácter psíquico. También interviene un factor externo: el objeto material, ajeno a la psicología. Esta ciencia no establece la veracidad de lo recibido. Ello está fuera de su objeto de estudio: la mente humana como causante de su comportamiento. Aún más, consideramos que, en su análisis, también le da una función pasiva a quien recibe el mensaje.

Para Noam Chomsky,[47] « […] explicar el uso normal del lenguaje, debemos atribuir al hablante – oyente un intrincado sistema de reglas que suponen operaciones mentales de naturaleza muy abstracta […] »; que, sin embargo, lo utiliza cualquier niño de cinco años. Chomsky asocia tal facultad creativa, finalmente, con un factor genético.

Por último y sin considerar la necesidad de un lenguaje para pensar, agregamos que, hasta el momento, no se explica su origen. Cuando no había maestros que nos señalaran las cosas mientras pronunciaban el nombre, porque no existían los nombres —y que para «convenir» es imprescindible el diálogo, el cual era inexistente por falta de códigos comunes—, ¿cómo nos pusimos de acuerdo sobre el significado de las palabras sin un lenguaje?.

Ante este cuadro tan complejo, determinar el origen del habla es una tarea titánica. Sin

---

44   DE SAUSSURE, Ferdinand. Ob. cit. p. 55
45   DE SAUSSURE, Ferdinand. Ob. cit. p. 128
46   DE SAUSSURE, Ferdinand. p. 60.
47   Chomsky, Noam. *El lenguaje y el entendimiento.* Segunda edición Barcelona: Seix Barral, 1971, p.102.

embargo, el habla es un elemento indispensable para definir al hombre, es una característica de nuestra especie: **no existe comunidad humana sin lenguaje**.

El hombre es un ser social, lo que implica que su supervivencia depende de su capacidad de comunicarse, y su progreso, de dejar una «herencia cultural», a través del lenguaje. El amoroso ideal de compartir las experiencias vividas, que forma parte de nuestra esencia, es el motor del poder del ser humano sobre la tierra.

2.1.2 ORIGEN DEL HABLA

Debido a que asociamos el uso del lenguaje con el hecho de expresar nuestros pensamientos (emisor-mensaje-receptor), es decir: hablar; es de suma importancia resaltar que, desde el primer momento en que percibimos algo, lo identificamos, nominamos. Existe una primera etapa de la racionalización en la que, en un uso individual del lenguaje, determinamos qué estamos percibiendo, su género y especie; traducimos la realidad a un lenguaje para comprenderlo o buscar hacerlo. En otras palabras, se presenta la relación sujeto-imagen-objeto.

El habla se inicia con la aparición del hombre. Cuando se forma una herencia cultural racionalizada, ella se va incrementando de generación en generación, al tiempo que aumenta su comprensión, y por ende, la capacidad humana de dominar al medio, al mundo. Por un lado, es la combinación del desarrollo intelectual de cada individuo con la capacidad de expresarlo, así como de enriquecerlo y verificarlo con experiencias ajenas. Por otro, es la mixtura de un ambiente adverso, en el cual las debilidades humanas ponen a la persona en desventaja física frente a la mayoría de especies animales —que vienen sobreviviendo cientos de millones de años antes de nuestra aparición—, y de la descomunal fuerza de la naturaleza. Tales circunstancias nos obligan a unirnos para sobrevivir y a coordinar acciones conjuntas para modificar la realidad en pos de un provecho común.

El hombre satisface sus urgencias materiales y su necesidad innata por comunicarse lo lleva a transformar el medio en un lugar seguro, donde pueda disfrutar de paz y armonía que le permitan seguir desarrollando la más importante de sus facultades: el pensamiento.

Sobre el origen del lenguaje se han tejido numerosas teorías: desde la imitación de los sonidos naturales —origen onomatopéyico—, pasando por el uso de cantos o tonadas para lograr simultaneidad en el trabajo social, hasta aquella que plantea un origen divino.

Sostener que «de la noche a la mañana», el primer hombre amaneció hablando, equivaldría a plantear que el lenguaje tiene un origen divino. Lo natural sería pensar que es resultado de un proceso, como lo viene demostrando la permanente práctica humana de encontrar las causas que justifican la existencia de cada «hecho» que nos revela nuestros sentidos.

Con la teoría del Big Bang, por ejemplo, se buscan las causas que originaron el universo como diversas otras procuran identificar las que permitieron la aparición de la vida. Desde el origen de la filosofía, en toda teoría se han establecido procesos en los cuales los «saltos» han motivado muchos «dolores de cabeza», originados por la falta de una concatenación lógica que justifique cada paso de las argumentaciones.

Ya revisamos las conductas de los animales que, en manadas, algunas veces de cientos individuos, forman clanes y familias fácilmente distinguibles, con estratificación social y «leyes», normas de aceptación, e, incluso, con un lenguaje no articulado de sumisión, de dominio y de aceptación. Además, se ha hecho referencia a especies animales que cuentan con «vigilantes» encargados de alertar y avisar acerca de la naturaleza del peligro que los acecha —si el depredador es un ave, un reptil o un felino—, lo que provoca reacciones comunes —en toda la comunidad—, como la de las crías que se refugian con sus madres, así como la de los adultos que se dirigen a la copa de los árboles o al mejor refugio, así pues, quien se equivoca, o «escucha mal», muere. La herencia a la que se hace referencia vuelve más comprensible el salto cualitativo de animal a hombre y la diferencia que supone: el pensamiento discursivo, que incluye a la filosofía, la teología, la ciencia y al arte, así como su inmediata expresión: el habla.

¿El pensamiento y la palabra surgieron simultáneamente?. Si aceptamos la teoría darwiniana de la evolución de las especies —que cuenta con el acuerdo de la mayoría científica mundial—, cuando el género antropoide evolucionó al *homo sapiens* — con el grado más alto de comunicación gestual y sonoro de los antropoides, así como premunidos de la genética -como lo sostiene Chomsky— saltó a la intelección necesaria para lograr un lenguaje articulado. Ante las interrogantes de cómo y por qué, no les encontramos respuestas. No obstante, es innegable que existe una muy estrecha relación entre ambas.

En el origen no es posible plantear la convención que sostiene Hermógenes en el Cratilo de Platón, ni lo arbitrario del signo de Saussure. Para convenir es necesario dialogar, así como señalar al objeto y nominarlo —posición de Cratilo—. Ello no funciona para los conceptos sin representación material —como Dios—, por ejemplo y que explican la asociación de los fenómenos naturales imponentes con dioses. Sin embargo, en el complejo sistema del lenguaje humano sí usamos palabras como: «y», «o», «para», «entre», «de», o las condicionales, que involucran relaciones que tampoco tienen representación material, pero que son indispensables para articular frases coherentes y expresar la relación de causalidad, por ejemplo.

Este proceso se inicia cuando las hormonas o el instinto dejan de justificar la transmisión de información de padres a hijos. Ante situaciones nuevas e imprevistas se aplican soluciones adecuadas y creativas: interviene la razón.

Entre el pensamiento y la palabra existe una relación muy estrecha, y, a pesar de que consideramos que el pensamiento sobrepasa al lenguaje, no concebimos la posibilidad de pensar sin un idioma, por lo que sostenemos la sincronía en la aparición de ambos.

Si bien los restos óseos humanos no explicitan cuándo se comenzó a pensar - hablar, es decir, cuándo se convierte en hombre, tentativamente hablemos de dos millones de años, cuando aparecen los primeros restos de antropoides bípedos, con mandíbula inferior en forma de "U" y no de "V" de los antropoides anteriores, y con la capacidad craneana superior a la de los antropoides actuales. Lo indicado, asociado con la elaboración de armas, el uso del fuego y otras manifestaciones culturales son señales de la aparición del hombre pensante-hablante. Resaltamos que, para hablar, es necesario tener qué decir; por ejemplo: ante una percepción, de forma individual, primero definimos qué es —lo nominamos—, con los verbos establecemos el principio de causalidad y, con el predicado, fijamos las consecuencias. Hecha esta operación mental, comenzamos a expresarla.

2.1.3 LA IMPORTANCIA DEL HABLA EN LA COMUNICACIÓN

A lo largo de la historia, el hombre viene utilizando el habla de muchas formas, y, los esfuerzos para mantener los progresos alcanzados, si no se cuenta con la escritura, se vienen manifestando ya sea en canciones, versos, mitos, relatos o cuentos que pasan de generación en generación. En cada una de ellas, es posible encontrar individuos que se dedican con exclusividad a cultivarlos. En todas las culturas y a través del tiempo, vemos: aedos, bardos, juglares, relatores de cuentos, etc. Todos ellos, generalmente nómadas, van por el mundo compartiendo sus historias y homogeneizando la cosmovisión de las culturas. Otro ejemplo de lo expuesto, son los coros infantiles que, bajo la vigilante mirada de los tutores, memorizan exactamente las palabras que deben entonar, así como otras expresiones de índole similar, tales como el folklore en general, las sagas Celtas, el propio teatro, etc.

El estatus que siempre han tenido los ancianos está en estrecha relación con su capacidad de constituirse en la «memoria» de sus respectivos círculos sociales. El respeto por los chamanes, curanderos y brujos, quienes comparten tal capacidad de manejar las experiencias acumuladas para resolver los retos que depara la vida, tiene el mismo origen.

Dicha «cultura oral» no es exclusiva de la antigüedad. Se presenta cuando se realiza una lectura pública, como los cuentos que leen los padres a los niños y mediante formas religiosas como los sermones impresos que han mantenido una relevancia preponderante, sobre todo, desde la Baja Edad Media hasta la Contrarreforma. Sin embargo, pareciera que la influencia de las mencionadas expresiones religiosas viene decayendo desde mediados del siglo pasado.

Intentamos resaltar la vigencia del habla como el principal instrumento de la transmisión de la herencia. La importancia del hecho de comunicación en mención se debe a que, a través de él, se muestra la mejor calidad en la transmisión. La certeza de tal afirmación reside en el uso que se le da a «personalmente». Cada tema que requiere una atención especial, «lo más importante», demanda la presencia de los interesados. No existe otro fenómeno de comunicación que haya podido reemplazar con la misma calidad a esta forma directa, hasta la era de la Internet.

El habla no es una respuesta tecnológica, es un fenómeno cualitativo, un proceso que debió tomar su propio tiempo en constituirse y que no ha dejado huellas perceptibles aun, pese a que su importancia en el desarrollo de la comunicación humana y, por ende, en la definición del hombre, es evidente e insoslayable.

Siguiendo el planteamiento de Heidegger, el pasado que se nos anticipa y el habla, como todos los hechos de comunicación, siguen vigentes y son constitutivos en nuestro futuro. El habla es, necesariamente, parte de nuestra esencia y el hombre no tendría ninguna posibilidad de subsistir si no contara con esta herramienta de comunicación. Reale explica la resistencia de Platón a la escritura por la siguiente razón:

No existe, ni podrá existir jamás, según Platón, una tecnología de la comunicación que supere la que se da mediante la oralidad dialéctica entre alma y alma[48]

Si, conforme con la ciencia ficción, lográramos una comunicación telepática, sin sonido, el pensamiento debiera «disfrazarse» —según Wittgenstein— de lenguaje, tendría que ser articulado y lógico para lograr comunicación, es decir, para conseguir la transmisión de conceptos. Mientras

48   Reale, Giovanni. *Por una Nueva Interpretación de Platón*. Barcelona: Herder, 2003. p XI y XII.

que el Wittgenstein del «Tractatus» define la relación entre el pensamiento y la realidad como «Pictures», creemos que, si bien asociamos al pensamiento con imágenes, hemos demostrado que ellas no comprenden con exclusividad al inmenso mundo que implica el lenguaje. Por el contrario, al hacer razonamientos sobre éstas, las estamos traduciendo al lenguaje oral. ¿Pensamos en un idioma? [49]

Todo lo señalado nos lleva a concluir que el habla es el medio por excelencia, que la comunicación humana encuentra su mejor expresión en el primer hecho de comunicación cuando se trata de compartir nuestras experiencias. Aún más, todos los otros hechos están referidos al primero, en tanto que, en todos ellos, se utiliza un lenguaje para ejecutarlos. De esta manera, se hace evidente que este hecho está presente desde su aparición en todos los hombres hasta la actualidad, cualquiera que sea la forma en que se presente.

Sin embargo, tenemos que resaltar que este proceso es la conclusión de un primer estadio de la comunicación, que se lleva a cabo cuando percibimos o «captamos» la idea u objeto. Por tanto, no podemos construir proposiciones sin tener los datos que las conforman. Hay un período de la comunicación en el cual no existe lenguaje o no lo hemos «traducido» aun. Simplemente, hemos sido «comunicados», sin importar si comprendimos el mensaje. Así como existe un «lenguaje» no racional, en el que, inconscientemente —algunas veces contra nuestra voluntad— mostramos, incluso, lo que quisiéramos ocultar.

Por lo tanto, existe un período previo al habla. En él, está presente la comunicación, aun antes del pensamiento: es el proceso que, incluso, sirve de base para el pensamiento —que es el proceso resultante del análisis entre estos elementos percibidos—. Aludimos a un proceso individual que es el punto de partida para gestar una expresión, cuando queremos ejecutar esta acción.

2.2 LA ESCRITURA

Al incrementarse la herencia cultural, se dificulta su conservación: ¿cuándo sembrar?, ¿cómo curar?, ¿quién es el propietario?. Dejar la solución de estos problemas a la esfera de la memoria, implica no resolverlos. La tarea del gobierno —cuando el ámbito de influencia ya no se limita a la aldea, sino que el poder acumulado llega a conformar reinos o, incluso, imperios—, sin la escritura, se fue complicando al punto que llegó a comprometer el dominio del territorio.

Esta necesidad se suplió con la convención de significados de signos o grafías que, al multiplicarse, exigieron la creación de alfabetos, así como con la trasmisión de la tecnología para traducirlos al lenguaje oral y hacerlos comunicables.

El tiempo transcurrido desde el origen del hombre hasta la creación de la escritura —más de dos millones de años— nos muestra la dificultad para tomar conciencia del uso que se hacía cotidianamente de la comunicación oral. Ello implica que, previamente, se repare en lo efímero del acto y de la importancia de su permanencia en el tiempo.

Por lo tanto, el valor de la palabra empeñada mantiene, moralmente, el aprecio del cual goza. En toda cultura, quien no sostiene su palabra, no respeta la veracidad o hace apreciaciones

49   Cf. WITTGENTEIN, Ludwig. «Tractatus Lógico- Philosophicus». En: *Revista de Occidente*. Madrid: 1957.

exageradas, pierde dignidad y la credibilidad de sus opiniones; esta proposición cobra especial actualidad en el desempeño profesional del periodismo.

El número de personas alfabetas siempre fue reducido, por lo que, hasta la edad moderna, la «cultura oral» predominó sobre la escrita. La forma en que se aglutinaron pasó por la lectura en público, que se usó desde la Roma imperial, pasó por las lecturas de sermones durante la Reforma, hasta el siglo XIX en los sindicatos obreros.

2.2.1 EL ORIGEN DE LA ESCRITURA

Comunicarse a través del tiempo, probablemente, se suplía inicialmente con la pintura rupestre (15.000 años a.c.), la cual es una muestra de la necesidad de contar historias. Empero, más interesante resulta buscar explicaciones a los guijarros de Lescaux —que, evidentemente, son signos—, sobre todo, si la lógica nos dicta que el problema de la escritura se enfrentó, primero, mediante la creación de signos que, por convención, representan ideas. Claros ejemplos son las primeras escrituras ideográficas (5.000 a.c.) o la escritura china vigente.

Como dato adicional, debemos considerar las afirmaciones de la doctora Ana María Vásquez Hoys,[50] quien sostiene el descubrimiento de una escritura (Huelva I), también con 3.000 años de antigüedad:

> Todo empezó con las noticias sobre los hallazgos de Vinça, en el Danubio que cifran signos escritos en el 7.000 a.c. Idéntica fecha es la que manejan los arqueólogos en otro sistema de escritura encontrado en Guiannitsa (Macedonia). Estaríamos hablando de escrituras anteriores a las tablillas mesopotámicas y a los jeroglíficos. Y me dije: tiene que existir algo así también (en) Andalucía.[51]

Hay que resaltar que, desde la aparición del hombre —que hemos fijado en dos millones de años— hasta los quince mil señalados para el inicio de la pintura rupestre, existe un período de tiempo mayor en 135 veces a toda la historia posterior a la pintura rupestre, si bien es posible que existan otras muestras pictóricas anteriores. Esta comparación temporal, si es formulada estrictamente respecto de la escritura (5.000 a.C.), es mayor de cuatrocientas veces.

La escritura que conocemos como la más antigua, y de la que tenemos mayor información, es la sumeria, que poseía signos en forma de cuñas de hace 5.000 años —restos de agricultura datan de hace más de 10.000 años—. Cada grupo de cuñas representa una idea, por lo que es fácil imaginar lo extensa y complicada que fue su escritura.

En sus inicios —como sumeria—, el diagrama de una cabeza astada era la representación de un buey —proto sumerio—, y, progresivamente, fue modificándose hasta su fase cuneiforme —segunda fila—. Ello simplificó la representación y permitió que pudiera ser grabada, incluso, sobre piedra. En la tercera fila, ya se logra representar la sílaba, en una evolución hacia la fonética (Gu).

50   SANTOS FERNÁNDEZ, José Luis. *Blog de José Luis Santos Fernández.* En: <http://terraeantiqvae.com/main/search/search?q=V%C3%A1zquez+Hoys>. Consulta del 2 de febrero de 2009. Por Pilar Vera, Diario de Cádiz, 15 de abril de 2005
51   SANTOS FERNÁNDEZ, José Luis. *Blog de José Luis Santos Fernández.* En: <http://terraeantiqvae.com/main/search/search?q=V%C3%A1zquez+Hoys>. Consulta del 2 de febrero de 2009.

Pijoan , nos presenta un ejemplo de combinación de signos: [52]

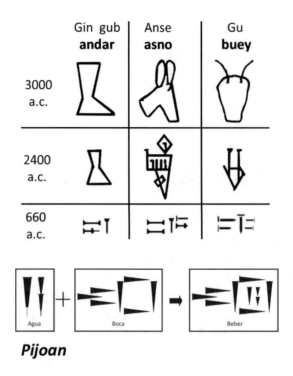

Pijoan

Hasta aquí, hemos detallado solamente el uso de tablillas de arcilla, así como el empleo de la piedra como objetos sobre los cuales se dibujan las grafías, en Asiria (siglo XXV a.c.), a pesar de usar predominantemente las tablas de arcilla, también se usaba el pergamino: el cuero de cabra u otros animales al que, con un tratamiento químico para eliminar la grasa y el pelo y un posterior raspado, se suaviza hasta tener una textura que permita la escritura. Se llama pergamino, porque en la ciudad italiana de Pérgamo, lograron una técnica muy avanzada — por supuesto, durante la Edad Media—. En Asiria, además era usado el papiro, sobre el que incidiremos al tratar de la escritura egipcia.

En un inicio, el objeto de la escritura cuneiforme fue contable: por ejemplo, en un almacén, a un grupo de mercancías se le ponía una etiqueta de arcilla con el sello de su dueño o procedencia —probablemente, para efectos tributarios—, posteriormente, en tablillas de arcilla, se comenzó a escribir estos datos y otros, como su destino —mas no el contenido—, y, así, fue evolucionando hasta representar conceptos. Posteriormente, la preocupación por sistematizarla o convenir en el significado de cada signo, obligó a formular los primeros alfabetos que —en la etapa más evolucionada de esta escritura— llegaron a incluir 600 grafías.

Similar camino sigue la escritura egipcia, que se inicia con el jeroglífico hace 3.000 años —el cual subsistía en el 394 d.c. con más de 750 signos— y, aparentemente, sin conexión con la proto sumeria. La jeroglífica *cursiva* se conoce como *hierática* —o sacerdotal—. A pesar de que la lengua mesopotámica era usada como diplomática —al igual que el francés actual—, se supone que variaron juntas en el camino a la fonetización. Posteriormente, aparece la *demótica* —o popular—, y, recién en el siglo III d.c., debido al contacto con el griego, se convierte en *copta*.

Mientras los sumerios escribían sobre tablillas de arcilla o en piedra, evidentemente su

---

52   PIJOAN, José. *Historia del mundo*. 9na Edición. Vol. 1. Barcelona: Salvat, 1965.p. 226.

traslado implicaba muchas dificultades y su rigidez era una invitación a la fractura, por lo que se necesitaba otro receptáculo como destino para la impresión de los signos. Por otro lado, cincelar las muescas sobre la piedra requería de una destreza especial con ambas manos que permitiese lograr las mismas características en cada una de ellas, y, en el caso de la arcilla, la impresión estaba limitada al tiempo comprendido en el lapso desde que la arcilla alcanza la textura ideal para mantener las formas hasta el endurecimiento del material.

Debido a los mencionados inconvenientes, los egipcios encontraron otros materiales. Usaban, por ejemplo, el papiro, mediante la técnica de cruzar láminas de la pulpa de este vegetal, las prensaban y las ponían a secar, y, después de un lijado, conseguían la textura necesaria para escribir. Además, usaron pellejos de cabra secos y lijados —pergaminos—; como tinta, utilizaron hollín disuelto en agua y escribían con pedazos de caña cortados diagonalmente en un extremo para obtener el grosor adecuado.

El sánscrito —escritura de la India— sigue un camino similar en cuanto a ideografía. El chino, en cambio, recién inicia su adaptación al sistema fonético a finales del siglo XX. En Occidente, nos enteramos de que su capital no era Pekín, sino Beijíng (la misma ciudad, cuyo nombre se pronunciaba de distinta forma).

En relación con el chino, se ha resaltado la particularidad de que, por ser ideográfico, tiene la característica de que los mismos signos pueden ser usados por diversas lenguas. Ese rasgo lo convierte en el nexo que facilitó la agrupación de reinos como los mongoles con el resto que conformó los primeros imperios de oriente. Por tanto, difiere sustancialmente de la escritura fonética, en la que es necesario conocer el idioma para comprender los mensajes. Es decir, en el caso del idioma chino, el significado está «retratado» en el signo ideográfico y, por ende, las letras del alfabeto fonético reflejan solo su sonido.

Anecdóticamente, en un diario limeño,[53] publica comentarios hechos por un ex presidente peruano para resaltar el espíritu pragmático del pueblo chino: « [...] Yo demostré el otro día cómo desde hace 2500 años el agua es un dibujo de curva que muestra cómo es el agua, en cambio la palabra "agua" no tiene nada que ver con el líquido que uno bebe». Apreciación paradójica pues, precisamente, por mantener este sistema de escritura en el pueblo chino, sus integrantes pasan gran parte de su vida aprendiendo a escribir —algunos sostienen que es necesario manejar cerca de tres mil signos para escribir lo que nuestros estudiantes logran en el pre escolar en un año—; lo que les ha impedido un desarrollo tecnológico propio, al nivel logrado por occidente. Salvo que el pragmatismo consista en la utilización de congéneres con menor desarrollo intelectual.

De otro lado, es importante resaltar que el material que usó esta civilización fue el papel. Fueron los chinos quienes aprovecharon la propiedad coloidal de algunos materiales —como el papiro—, pero, además, emplearon una gran diversidad de otros, que incluía tanto a la seda como a la madera. Sustancias que, cuando pierden líquido, se aglutinan como goma hasta formar cuerpos muy delgados pero resistentes, capaces de soportar dobleces y, que al ser humedecidos con la tinta de hollín, atrapan esas partículas entre las suyas dejando marcas prácticamente «indelebles».

Cuando se representa a cada sonido con un signo, se logra un instrumento universal útil para cualquier idioma, para cualquier idea, por más abstracta que sea, mediante un reducido grupo de signos: el alfabeto fonético. Sin embargo, existe un paso previo: la representación de

---

53   V. DIARIO16. *Alan García, perdido entre «Confucio y la Globalización»*. Edición N° 1065 del 26 de julio de 2013. p. 2. En: <http://diario16.pe/noticia/33764-alan-garcia-perdido-entre-confucio-globalizacion>. Consulta del 24 de septiembre de 2013.

las vocales, que fue un aporte de los griegos que, sumados a la fonetización de las grafías de los imperios mesopotámicos y egipcios, crean las herramientas para que los fenicios expandan, por el mundo conocido hasta esa fecha, su alfabeto fonético, del cual somos herederos.

2.2.2 LA IMPORTANCIA DE LA ESCRITURA EN LA COMUNICACIÓN

Dar mayor permanencia a nuestras ideas mediante la escritura y continuar las investigaciones sobre cada una de las ramas del conocimiento, nos ha permitido llegar hasta donde estamos. Lord Acton (1834-1902) menciona los *efectos horizontales*, que significan la cobertura de mayor cantidad de personas a través de un solo mensaje, y, de otro lado, los *verticales*, mediante las cuales es posible construir sobre lo comprendido o manifestado.[54]

Existen otras posturas que pretenden darle a la escritura una vida propia, distinta a la del habla. Personalmente, no concebimos una escritura sin un habla que representar, ya que, conforme la escritura se aleja del habla corriente, se va convirtiendo en un sinsentido, un despropósito, puesto que pierde la esencia de su naturaleza: sobrevivir a través del tiempo. Por tanto, ir en contra del habla solo lograría que se quede sin lectores. Esta opinión tiene asidero en nuestras dificultades de traducción, sobre todo de los restos de escritos de las lenguas muertas. Encontrarle sentido a criptogramas sin una «piedra rosetta» es la paciente tarea de muchos especialistas, quienes pueden pasar la vida sin resultados coherentes.

Sin embargo, es evidente que el manejo de la escritura implica un cambio en la mentalidad de las personas. McLuhan escribe: « [...] escisión que produjo la imprenta entre la cabeza y el corazón»,[55] como si el hecho de escribir nos exigiera madurar mejor nuestras proposiciones: el cambio de actitud de una postura vital, con sentimientos, a una centrada especialmente en el aspecto racional. Es más, existen autores que hablan de un cambio existencial a raíz de la alfabetización actuante.

Si bien no existe grupo humano que carezca de idioma, no todas las civilizaciones contaron con escritura; así, es probable que ésta se genere a partir de un grado de desarrollo social. Así se explicaría la aparición de la escritura sánscrita, la sumeria, la china o la egipcia, y otras sin una aparente conexión —como la de Huelva o la del Danubio—. De otro lado, las razones expuestas tornan inconcebible la posibilidad del sostenimiento de un imperio de la extensión del incaico a lo largo de tantos años, sin una escritura que permitiera la fidelidad de las órdenes.

Sin embargo, la existencia de escritura en determinadas culturas no significa que se haya extendido a la mayoría de sus integrantes. Briggs y Burke sostienen que la población de Europa durante la Edad Media era mayormente analfabeta, e, incluso, que, en Inglaterra entre 1840 y 1870, las tasas de analfabetismo « [...] todavía eran altas [...] »;[56] lo que supone la vigencia de la comunicación oral en gran parte de las culturas hasta ese entonces. Aun, en la actualidad, el menor porcentaje de población analfabeta se considera un índice de desarrollo de los países.

Una forma de mantener el statu quo es limitar el uso de la escritura a estratos escogidos,

---

54   BRIGGS, Asa y Peter BURKE. *De Gutenberg a Internet*. México: Santillana, 2006. p. 31
55   Ibid. p.31
56   BRIGGS, Asa y Peter BURKE. Ob. cit. p. 152

generalmente, a cargo del clero y una clase gobernante, quienes mantienen a la intelectualidad y que, evidentemente, hacen uso de ella.

La escritura es una creación humana que no tiene contradicciones en su esencia, como el habla. Existe evidencia física de su naturaleza y, a pesar de ser mensurable, no se le puede catalogar como tecnología, principalmente, porque requiere de la conciencia de la estructura del habla para que sea capaz de representarla con sentido. La escritura varía esencialmente la comunicación, ya que implica un cambio en el hombre que la ejecuta, e influye en el modo de expresión: mientras, por un lado, le quita espontaneidad; por el otro, exige meditación y lógica para hacer proposiciones coherentes. El segundo hecho de comunicación también es cualitativo.

Lo escrito a su vez tiene dos usos: el acto de hacerlo y la lectura. Existen culturas que dividen su aprendizaje: primero, enseñan a leer y, después, a escribir. Como hemos recalcado, existe una lectura pública y, otra, privada. Briggs y Burke[42] nos presentan una HISTORIA DE LA LECTURA en la que resaltan —al comentar los efectos que produjo la imprenta— que, entre 1500 y 1800 d.c. « […] los estilos de lectura experimentaron cambios reales […] »;[57] sin embargo, consideramos que algunos de ellos no son consecuencias exclusivas de la máquina en mención; como la forma de leer, ya sea extensiva o detallada. A veces, enfrentamos un texto íntegramente: «lo estudiamos» —lo cual no está lejos de una «sacralización» del texto—; otras veces, solo leemos algunas partes. Y estas situaciones no se dan exclusivamente frente a un texto impreso.

Al paso que se produce entre una lectura pública y una privada, los autores mencionados lo interpretan como una expresión de individualismo. Además, recalcan la superficialidad de estas clasificaciones —extensiva o intensiva—, o la que asocia la lectura privada a la clase dominante, así como la pública a la popular. Sin embargo, dichas clasificaciones no dejan de tener sentido.

A su vez, en el ejercicio de la escritura tenemos también dos etapas: una primera, que es —simplemente— una repetición de lo aprendido como, por ejemplo, firmar —en su forma más simple—, y, una etapa posterior, cuando pretendemos decir algo nuevo, y en la que interviene la redacción, cuya práctica se ve complicada por el uso de ciertas «reglas» lo cual se hace evidente en nuestra dificultad para redactar —en la que se mezclan la necesidad de «decir» en forma clara, concisa y con un buen uso de las mencionadas reglas, sobre todo, en los inicios de este ejercicio—.

Asimismo, es necesario resaltar el rol de las ilustraciones, los cuadros sinópticos, las tablas y demás grafías, como otra manera de comunicar conceptos en forma «directa» —sin que medie una traducción a la comunicación oral-, que, según Ong: « […] .para el ojo lo dicen todo y para el oído nada […] ».[58] Los recursos gráficos no pueden leerse en voz alta y, sin embargo, suelen tener un contenido sustancioso y, casi de inmediato, comprensible. Estas «traducciones» del pensamiento a la representación escrita reflejan una nueva forma de transmitir conceptos que, también, pueden haber tenido su origen en las etapas previas a la escritura, desde los orígenes de la pintura.

Uno de los más importantes aportes de la escritura es combatir la «amnesia estructural». Al haber escritos, el pensamiento se mantiene a través del tiempo, lo que hace posible que tengamos una conciencia histórica, además de permitir la realización de **lecturas críticas**, que han sustentado las comparaciones de distintos puntos de vista en el transcurso de la historia, y eliminado, así, -lo que en la sabiduría popular denomina- el infaltable «Complejo de Adán».

57   BRIGGS, Asa y Peter BURKE. Ob. cit. p. 75
58   BRIGGS, Asa y Peter BURKE. Ob. cit. p. 32

En el ligero recuento sobre la historia de la escritura formulado, es evidente que el sujeto es quien emite y que es una actividad individual, lo cual refuerza la afirmación relativa a que comunicación no es diálogo. De otro lado, el mensaje elaborado no se transforma en comunicación hasta que es leído, Sin embargo, en la escritura resulta mucho más evidente el proceso previo del aprendizaje para su comprensión. Por lo tanto, no existe comunicación si el mensaje no llega a destino; y, si bien quien escribe debe manejar toda una metodología —que no es simple—, todo su esfuerzo está centrado en la persona a quien está dirigido —si quiere comunicar algo—. Entonces, el sujeto, también, es quien recibe, incluso, en la escritura.

2.3 LA IMPRENTA

Esta maravillosa máquina aparece en Occidente en 1456, lo que permitió, por primera vez, obtener varias copias de una misma obra, y redujo, así, trabajos de años a meses.

594 años a.c. « [...] imprimían [...] una hoja titulada "ChingPue". El artesano Pi Sheng inventa los caracteres movibles en 1036, eran de arcilla. En 1221 ya son de madera después los hacen de cobre y por último de bronce».[59]

Briggs y Burke, sobre este proceso, mencionan, también, al Japón del siglo VIII; y hacen referencia al « [...] estudioso francés Henri-Jean Martin [...] », quien sostiene que, en Corea, había una imprenta con una « [...] pasmosa similitud con la de Gutenberg [...] ».[60]

En Occidente, lo expuesto se desconocía, pero es evidente que el dominio del hombre en todo el orbe y el aumento demográfico experimentado como consecuencia del desarrollo científico y tecnológico, ya exigía un instrumento capaz de reproducir los conocimientos que eran el fundamento de su situación. La necesidad de **comunicar** al mayor número de congéneres sigue latente, y la respuesta tecnológica no se deja esperar.

Probablemente, el inicio de la imprenta se encuentre en los sellos. La costumbre de sellar las cartas se seguía con el objeto de evitar que la leyera una persona distinta a quien estaba dirigida, y, para ello, se lacraba; es decir, se le ponía lacre —sustancia compuesta de goma laca, generalmente, de color bermellón, que se disuelve con calor y se adhiere al momento de secar—. No obstante, para evitar que se rompiera el lacre y se volviese a realizar la operación —se lacrara nuevamente—, se acostumbraba imprimirla presionando el anillo de quien la enviaba.

Un observador acucioso notaba con facilidad que la imagen se imprimía al revés —como el negativo de las fotografías—, por lo que se hizo necesario hacer los sellos al revés. Así, al momento de presionarlos contra la laca, formaban una imagen «en positivo».

La multiplicación de los textos, de decenas de miles a decenas de millones,[61] libera a la educación del cepo de la censura. Asimismo, se multiplica el aporte de inteligencias antes desaprovechadas, en favor del incremento de nuestra herencia.

---

59   MIRO QUESADA, Alejandro. *El periodismo*. Lima: Servicios Especiales de Edición, 1991. p.28.
60   MIRO QUESADA, Alejandro. p.27
61   Briggs y Burke calculan que en el siglo XV existían alrededor de 13 millones de libros en Europa.V. BRIGGS, Asa y Peter BURKE. Ob. cit. p. 28.

No existió ningún instrumento —hasta la era de las computadoras— más ligado a las ideas que la imprenta. ¡Qué simpatía irradió sirviendo al humanismo! ¡Qué poder tuvo para que, en tan poco tiempo, democratizara las ideas en Occidente¡

La comparación entre la Edad Moderna y la Edad Media, en cuanto al desarrollo del conocimiento, es injusta. La comparación debiera establecerse con todo el tiempo previo a la aparición de la imprenta. Nunca floreció en tales proporciones, con tanta facilidad y en tan variados idiomas, la filosofía, la ciencia y el arte.

Si bien la aparición de la imprenta tuvo toda la relevancia descrita. No es un hecho que haya variado la forma de comunicarse. Su naturaleza es cuantitativa: tomó a la escritura y potenció su difusión de manera extraordinaria.

2.3.1. EL ORIGEN DE LA IMPRENTA

Mientras en Italia surgía el humanismo, en el centro de Europa se inventaba la imprenta, mediante la fundición sobre moldes de acero, tipos individuales de letras fueron hechas, al principio, de cobre y, con el transcurrir del tiempo, de plomo y estaño.

En Occidente, tenemos como antecedente a la xilografía —grabado en madera—. Este «arte» consiste en tallar, sobre una madera perfectamente alisada, dibujos invertidos en relieve, los que, impregnados con tinta, se ponen sobre el papel y con una prensa, generalmente de tornillo, se reproduce el dibujo. Muchos artistas famosos han empleado y emplean esta técnica. No obstante, debemos indicar que tiene inconvenientes como que la madera se arquea, raja o cuartea, cuando no se desdibuja el tallado por el uso.

En 1470, se imprimía la *Biblia pauperum* —la biblia de los pobres—, hecha con moldes de madera. Eran estampas rodeadas con abundante texto, destinadas a los estudiantes o monjes que no podían pagar un manuscrito. Es posterior a la primera impresión hecha por Gutenberg, empero, refleja la técnica previamente utilizada.

Sin embargo, no solo se requirió de un buen grabado, sino que fue necesario que se desarrollaran otros aspectos relacionados, como la calidad de la tinta y del papel, en procura de lograr una prensa uniforme que ofreciera una «pisada» constante y con una impresión similar en toda su superficie —por lo tanto, regulable—.

En relación con la tinta, era necesario que tuviera una consistencia distinta a la fluidez que requería la pluma. Tenía que ser más grasosa para que no se desbordara de los tipos. Dicha consistencia se logró con la mezcla de hollín, aceite y almidón.

Respecto del papel, evidentemente el pergamino no era el más adecuado. Además de ser muy costoso, los árabes aprendieron la técnica de fabricación de sus prisioneros chinos, raptados en la batalla de Samarkanda contra los chinos[62]. En Alepo (España), se instaló la primera fábrica de papel árabe, la cual tuvo mucho trabajo a raíz de la orden del califa Harún al-Raschid de que se imprimiera el Corán en este material. El citado califa tenía el propósito de que se notaran las correcciones —si las había—. En el siglo X d. c., aparecen las primeras fábricas de papel

---

62   Batalla por el dominio de la ruta de la seda entre China y los turcos, en Asia Central.

en el Mediterráneo. El pergamino se reservaba para documentos importantes que se deseaba preservar.

El papel aún era muy grueso y se quebraba al doblarlo. Por ello, en el afán de lograr mejores y mayores producciones, paulatinamente, se fue obteniendo un papel más económico, flexible y elástico. Además, se logró que tuviera la densidad suficiente para conseguir la nitidez y rapidez requeridas, en el secado. En un principio, la materia prima era la tela. La cantidad de impresiones produjo una escasez de trapos que obligó a sustituir la tela por la pulpa de madera.

Asimismo, se logró que la prensa tuviera la precisión necesaria para presionar uniformemente los bloques de letras de metal sobre el papel, sin rasgarlo. Además, se alcanzó la claridad suficiente para efectuar una lectura fácilmente identificable.

Gutenberg es reconocido universalmente como el inventor de la imprenta, a pesar de que determinarlo con exactitud es, en extremo, difícil, pues las primeras impresiones no tenían identificación. Sin embargo, Fust —prestatario de Gutenberg— es responsable de una de las primeras impresiones y es reconocido que le ganó un juicio a Gutenberg por deudas, así como que se cobró con los instrumentos de éste. Se dice, también, que Fust se asoció con su yerno y que produjeron el impreso que lleva por título *El Salterio*, publicado en 1457.

Pijoan nos presenta una imagen de Gutenberg, por demás, simpática que resalta, por ejemplo, que la traducción de su nombre significa «buena montaña», lo cual concuerda con la descripción de su personalidad. También, lo describe como alguien más preocupado por su labor que por las ganancias; preso por deudas y en una constante pérdida de sus instrumentos; además de vivir en constante migración.[63]

El manejo técnico para desarrollar la fundición de los tipos se explica con su inscripción en el gremio de plateros. Briggs y Burke asocian, también, la tecnología depurada de las prensas para el vino de su tierra natal, como aquéllas que le otorgaron la técnica para hacer buenas impresiones.

Impresores alemanes ambulantes como Conrado y Arnoldo terminaron en Italia. Es así que se tiene el récord impresionante de 300 ejemplares de un texto de Donato, 550 copias de las *Cartas de Cicerón*, 325 copias de la *Ciudad de Dios*, de San Agustín, así como 1100 Copias, en dos ediciones, de las *Cartas de San Jerónimo.*

En Francia, el yerno de Fust —primer socio de Gutenberg—, llamado Pedro Schöffer —quien había estudiado caligrafía en *La Sorbona*— fue el nexo. En un corto período de tiempo, se diseminó —por toda una Europa ávida de conocimientos, en plena efervescencia— el humanismo, y se preparó, así, para la modernidad. Briggs y Burke refieren que los impresores alemanes se trasladaron por toda Europa y que « [...] hacia 1500, las imprentas se habían establecido en más de doscientos cincuenta lugares de Europa».[64]; Inclusive, no tardaron en llegar al Perú.

A mediados del siglo XIX, debido al crecimiento de las ciudades, ya se requería una máquina que cubriera la demanda de millones de personas. Después de aplicar máquinas al proceso, se reemplazaron los tipos móviles por planchas de metal fijadas a un cilindro, en las cuales, la imagen, —mediante procesos fotográficos—que incluye textos y está «en positivo», se impregna con tinta en cada revolución, y se plasma en una «mantilla» de jebe —ahora «en negativo»— la cual, como un sello, imprime el papel.

---

63   PIJOAN, José. *Historia del mundo*. Ob. cit. Tomo 4, capítulo 6.
64   V. BRIGGS, Asa y Peter BURKE. Ob. cit. p.27.

Briggs y Burke la llaman impresión de estereotipos,[65] y, probablemente, para no confundirla con términos psicológicos, la denominamos *offset*. El *offset* es un proceso que, para que sea rentable, no permite menos de cinco mil copias por impresión.

Evidentemente, la rapidez del cilindro, así como de la alimentación de papel, determina la velocidad de impresión. La calidad de la máquina está en proporción directa con el «registro», es decir: la precisión en la impresión, ya que, en cada vuelta, debe imprimir exactamente en el mismo lugar.

Si la alimentación es continua, desde bobinas de papel, y se implementan cilindros sucesivos por cada color, con una tinta de secado adecuado y con la combinación de los colores básicos, se puede imprimir a todo color. Por tanto, nos referimos a una rotativa: la impresión de millones de copias en pocas horas.

2.3.2. LA IMPORTANCIA DE LA IMPRENTA EN LA COMUNICACIÓN.

Briggs y Burke citan a Francis Bacon, quien refería que la imprenta, la brújula y la pólvora habían « […] cambiado por completo la situación en todo el mundo».[66] Sin embargo, Bacon no es el único en exagerar acerca del impacto que tuvo la invención de la imprenta en la humanidad. Los mismos autores mencionan a Elizabeth Eiseistein,[67] quien sostiene que la imprenta fue una revolución no reconocida. La apreciación de Briggs y Burke no solo es la acertada al opinar que una revolución muy extensa en el tiempo no es tal, sino que, además, nos permitimos resaltar que no se le puede calificar así ya que no modificó cualitativamente la forma de comunicarnos: solo lo hizo en forma **cuantitativa**, mediante la reproducción masiva de los escritos.

Concordamos acerca del problema de que el agente del cambio no es la imprenta por sí misma —aparte de la conjunción de los inventos que implican sus insumos (papel, tinta, prensa)—, sino la legión de personas que trabajaron desde la composición, la corrección, etc., hasta la edición y selección de textos, además de las otras acciones necesarias para la presentación de cada obra terminada, así como en su posterior aceptación por el lector.

---

65   BRIGGS, Asa y Peter BURKE. Ob. cit. . p. 218.
66   BRIGGS, Asa y Peter BURKE. Ob. cit. p. 29.
67   BRIGGS, Asa y Peter BURKE. Ob. cit., p.33.

El lector y su desarrollo como tal, es el personaje principal en este proceso. Sin menospreciar en lo más mínimo el papel del autor, cabe la pregunta respecto de cuántos textos valiosos nunca contaron con los lectores suficientes para relevar y mantener su aporte al desarrollo humano.

Por lo tanto, al igual que la escritura, el sujeto es quien lee y no quien escribe. El esfuerzo por lograr varias copias solo tiene sentido si es leído. Quien recibe es el sujeto.

2.4 LA ERA DE LA «TELE»

2.4.1 LA COMUNICACIÓN «A DISTANCIA»

Mencionamos la palabra «Tele» en su acepción griega originaria: «a distancia». «Estar ahí» es la necesidad humana que impulsa el desarrollo de tecnologías increíbles que hacen posible el sueño de la ubicuidad. Si con el habla y la escritura pensamos que teníamos resuelta gran parte de los problemas de comunicación, la distancia y el tiempo eran factores que no se solucionaban con la rapidez que requería el «estar ahí».

Es importante resaltar que esta aspiración también es individual: los inventores interpretaron bien que es un deseo que comparte toda la humanidad. Conforme nuestra apreciación del tiempo se incrementa, la utilidad de estos adelantos tecnológicos se hace más cara y la tendencia es aumentar la velocidad con que transcurre la existencia, al punto de afectar las posibilidades de la autoconciencia. Reiteramos: el cambio parece ser la característica más saltante de los actuales momentos, lo cual proyecta una sensación de inestabilidad e inseguridad.

Sin embargo, el traslado terrestre a largas distancias es difícil, si se considera nuestra capacidad de movilización —aun con la ayuda de animales domesticados para facilitarnos el trasporte—. Por ello, generalmente, las colonizaciones y las conquistas de nuevos territorios son épicas. La topografía terrestre sigue siendo un reto de ingeniería. Evidentemente, sin máquinas, el tiempo de traslado se mantuvo inalterable durante la mayor parte de nuestra vida sobre el planeta.

En el inicio, la raza humana se expandió por, casi, toda la faz de la tierra; probablemente, siguiendo a los animales que nos proporcionaban alimento. Ello se produjo hasta lograr la independencia que nos brindó la agricultura. No obstante, tal proceso fue tan largo que absolutamente todos olvidamos la ruta de regreso, o la propia naturaleza se encargó de diseminarnos sin retorno. Por lo tanto, cerca del 90% del tiempo de existencia del hombre, hemos ignorado la existencia del resto de nuestros congéneres en el planeta, que habitaban más allá de las barreras naturales impuestas por la geografía.

El medio ambiente y la lucha por la supervivencia fueron moldeando al hombre y estableciendo diferencias físicas tan marcadas con los demás seres humanos que, hasta hoy, nos cuesta reconocernos como congéneres con plena igualdad de derechos.

En un principio, para facilitar el traslado de las personas —con fines comerciales o bélicos— se recurrió a la construcción de carreteras. Muchos imperios dedicaron tiempo y esfuerzos extraordinarios para edificar las vías que, como un aparato circulatorio, unieran los extremos de su territorio. Desde el Imperio incaico, con sus célebres «Caminos del Inca», hasta los romanos —

célebres por su red vial—, que construían «rieles» de piedra en rutas no principales que facilitaran los traslados de carretas con propósitos tanto comerciales como militares.

Durante la Edad Media y siguiendo la técnica romana, estas vías se hacían de madera y circulaban por ellas carros con ruedas de metal con una pestaña que evitara su descarrilamiento. Posteriormente, fueron cubiertas con láminas de metal para evitar su desgaste, y, finalmente, se hicieron totalmente de acero.

Dado que nuestro planeta es eminentemente acuático, no existe cultura ribereña que no utilice este «camino natural» —ríos, lagos y mares—. Sin embargo, el hombre todavía no es capaz de tener un dominio absoluto sobre ellos, lo que nos ha mantenido, durante milenios, sujetos a sus costas, y a las rutas ya establecidas en distancia y, por lo tanto, en tiempo. Si consideramos el temor natural a lo desconocido, se justifica la existencia de la desarticulación entre las culturas, a pesar de estar interconectados por vía acuática.

Debido a que los animales acuáticos generalmente no son domesticables, el hombre en casi todas las culturas los reemplazó con el viento como fuerza motriz de sus embarcaciones y, en un principio, logró hazañas como la conquista de océanos. Ello es probado por los restos arqueológicos de la Isla de Pascua o la demostración hecha por Thor Heyerdahl con la KonTiki[68].

Lo cierto es que, conforme se avanzaba con el crecimiento poblacional, se marcaban diferencias culturales, también, y, cada cultura se considera «civilizada» en menosprecio de las otras. Sin embargo, se mantiene el ansia por conocer, así como por el poder y el dinero, por lo que, gradualmente, nos fuimos «descubriendo» otra vez.

Una de las fuerzas más relevantes en este proceso ha sido el comercio. Civilizaciones orientadas en este sentido nos presentan ciudades abiertas, como Caral —en el valle del río Supe del litoral peruano, con cerca de 70 hectáreas y 5000 años de antigüedad—, generalmente ubicadas a la vera de una vía acuática, como la fenicia o la cretense. Otra fuerza ha sido la ambición de poder, y quienes la cultivaron construyeron ciudades amuralladas que impidieron el libre acceso. Evidentemente, también existieron las mixtas, como el Imperio cartaginés.

Es notorio que las civilizaciones comerciales ampliaron al mundo mucho más que las guerreras. En Caral, el comercio unió extensiones prácticamente similares a las alcanzadas por el imperio incaico; así como el intercambio comercial entre Europa y Asia se concretó mucho antes que las conquistas de Alejandro Magno. Mas, este reencuentro entre toda la humanidad no podía ser posible hasta contar con la energía que impulsara de forma constante los vehículos, tanto por mar como por tierra.

2.4.2. LA PRIMERA REVOLUCIÓN INDUSTRIAL: EL DESARROLLO DE LA COMUNICACIÓN FÍSICA

Leonardo da Vinci ya había diseñado una máquina a vapor, pero la realización de su sueño tuvo que esperar hasta el siglo XVIII. Posteriormente, recién en el siglo XIX, se inventó una máquina que, impulsada por vapor —y alimentada con carbón—, extraía el agua de las minas de

---

68   Este explorador noruego salió –en 1947- desde las costas peruanas en una balsa de <<totora>> y llegó a la Polinesia para demostrar la posibilidad de migraciones precolombinas entre ambos

carbón. Luego, se inventó otra que jalaba vagones y llevaba el carbón de las minas al puerto: el ferrocarril.

Esta última máquina —que tardó 40 años en convertirse en una invención desde su diseño como un «juguete científico»— tomó una escala continental con una rapidez inusitada. Inglaterra, el país precursor en este empeño, inauguró su vía Manchester - Liverpool en 1830. Hacia 1900, se había triplicado el total de vías, y llegaba a 30,000 kilómetros.[69] En los Estados Unidos de Norteamérica, en el año 1869, se unían dos locomotoras que, partiendo de océanos distintos, unían transcontinentalmente su territorio.

En 1855, había ferrocarriles en los cinco continentes. Briggs y Burke citan al libro de 1874, *The World on Wheels*, de Benjamín Taylor: « [...] En la gente de un pueblo creado por ferrocarril se advierte un nervio en el paso y una precisión en el lenguaje imposibles de encontrar en una ciudad accesible solo a un conductor de diligencia».[70]

La eficiencia, la rapidez, así como la puntualidad cambiaron la vida de los pueblos que mantuvieron contacto con el artefacto en mención. Creó hasta una literatura para los viajes. Fue musa, incluso, para los pintores impresionistas, y fue construido como instrumento de dominación en la India, hasta que los nativos la adoptaron con una aceptación inusitada. A su paso, en todo lugar, incrementó sustantivamente el comercio.

Esta invención se aplicó a los barcos y se hizo con el mismo propósito: el comercio, misión que siempre tuvieron desde los fenicios. La comunicación humana con estos propósitos es la que siempre sustentó el desarrollo de su tecnología. Junto con las mercaderías, llegaban las noticias, y el trasporte acuático, a pesar de ser más lento, era más barato y regular en Europa durante el siglo XVI. Esto no significa que los gobiernos descuidaran el mantenimiento de los caminos: a inicios del siglo XVII existía un supervisor real de los caminos franceses.

El trasporte acuático fue la vía comercial por excelencia, aunque el transcurrir del tiempo no haya aumentado la fuerza de los vientos, por lo que la navegación a vela demandaba una cantidad de tiempo similar para cubrir distancias semejantes, desde la navegación de los primeros barcos de la humanidad hasta la primera industrialización.

Sin embargo, con la aplicación del vapor se consiguió independencia y rapidez, sobre todo, en la interconexión entre Europa y América. Ello implicó un nuevo concepto del tiempo y del espacio, así, a principios del siglo XIX, se establece internacionalmente el sistema de husos horarios, con base en Greenwich. Cien años antes, la mayoría de humanidad solo era consciente del tiempo local, que incluía las estaciones. Era una curiosidad saber que, durante el invierno, en el hemisferio opuesto transcurría el verano. No se tenía conciencia de lo que implica la redondez de la Tierra. Hoy, los entusiastas del año nuevo de nuestro hemisferio encienden su televisor para celebrarlo muchas horas antes que los australianos y siguen la celebración por todo el mundo hasta que llegue a su localidad.

Las migraciones masivas que tuvieron lugar en el siglo XX son responsables de gran parte del crecimiento demográfico, que no se puede justificar mediante las leyes de Malthus. De 1850 a 1910, la población de los Estados Unidos de Norteamérica creció en 68 millones: de 23 a 92 millones de personas, aproximadamente. Los barcos desempeñaron un papel muy importante en este fenómeno. Briggs y Burke mencionan que hubo « [...] no menos de 30 millones de emigrantes

69   BRIGGS, Asa y Peter BURKE. Ob. cit. p. 146.
70   BRIGGS, Asa y Peter BURKE. Ob. cit. p. 142.

europeos [...] » en el período comprendido entre 1776 y 1940;[71] mas, como sucede con todas las formas de comunicación, la creación de una nueva manera no reemplaza a la preexistente. La navegación a vela, debemos subrayar, continuaba en vigencia, al punto que los autores citados mencionan que, en 1864, fue « [...] el apogeo de la construcción de nuevos veleros en Gran Bretaña [...] »,[72] cuando, en 1839, se realizaba el primer viaje exclusivamente a vapor entre Europa y América.

El avión y el automóvil son producto más del deporte que del interés en la comunicación. Sin embargo, como es conocido, los inventos progresan cuando se les encuentra un fin comercial. Como antecesor del automóvil, se menciona a la bicicleta, y, efectivamente, muchos de los inventores que participaron en la creación del automóvil se iniciaron desarrollando este invento «intermedio».

Para efectos de nuestro análisis, es muy importante resaltar que el desarrollo automotriz implica el mejoramiento de vehículos pesados: de las carretas y calesas, a los camiones y los omnibúses —«los barcos en tierra»—, cuya autonomía los libera de rieles y pueden adaptarse fácilmente a las carreteras. Es de destacar, además, que, sin el aporte de las carreteras, el comercio no hubiese alcanzado las dimensiones que actualmente tiene.

Los camiones en el tercer mundo también vienen cumpliendo una función social muy importante en el traslado de personas: llevan mercaderías y pobladores a los pueblos alejados, y regresan con personas y la producción local. Todavía son muchísimos los pueblos cuya aspiración más grande es construir su carretera, aunque sea sin asfalto, ya que la consideran como el medio que los va a acercar a la civilización y a la modernidad; del camino de herradura al carrozable; de la Edad Media a la industrialización. Algunos presidentes y, sobre todo, alcaldes, conscientes de estas necesidades, buscan la organización popular para dotar de mano de obra barata a tales emprendimientos.

2.4.3 LA SEGUNDA REVOLUCIÓN INDUSTRIAL

Pese a que no tenga relación directa con la electricidad, otro «sueño» que demoró algo más en concretarse fue volar. Desde Dédalo y el sacrificio de su hijo Ícaro, pasando por las botas de las siete leguas de Pulgarcito y Peter Pan, o por los bocetos de artefactos voladores de Leonardo, vemos esta constante aspiración humana: el afán de comunicarse por el aire. No existe dios, que no venga del cielo, casi todos se trasladan por el aire.

Si bien el trasporte aéreo es el más caro, el ahorro en tiempo y la comodidad son factores que han sostenido su desarrollo. A pesar de las constantes crisis en que se ve envuelto —que diluyeron la moda de «la aerolínea de bandera», por ejemplo—, es innegable su aporte para comunicar a las zonas que son inaccesibles por otros medios, tanto así que la mayoría de Estados incluye, en su presupuesto, los gastos correspondientes a su sostenimiento por razones sociales.

El desarrollo tecnológico también ha cumplido un factor muy importante: la construcción de aparatos gigantes abaratan los costos. El problema, no obstante, es el balance entre oferta

---

71   BRIGGS, Asa y Peter BURKE. Ob. cit. p. 148.
72   BRIGGS, Asa y Peter BURKE. Ob. cit. p. 150.

y demanda. De otro lado, el diseño de helicópteros, por ejemplo, ha cubierto un sector muy importante al ahorrar en la construcción de aeropuertos, además de que estos artefactos tienen un papel irremplazable en misiones de rescate. Sin embargo, sus principales limitaciones son el alcance y el costo.

El mundo de los negocios, en el que el tiempo cumple un papel tan importante, ha llevado a que las aerolíneas creen espacios y tarifas especiales para ejecutivos. Inclusive, algunas corporaciones contemplan la necesidad de contar con aviones privados.

En el mundo civil, en el que el uso de estos medios es generalizado, hay que meditar mucho si es conveniente un viaje por barco, carretera o avión. La aceleración creciente de la percepción del tiempo en la mayoría de sociedades inclinan la balanza por la última opción.

2.4.4 EL TELÉGRAFO.

Algunos historiadores hablan de la segunda revolución industrial a raíz de la utilización de la electricidad. Aparecen nuevos inventos aplicados a la comunicación, y, al fin, se cuenta con un medio veloz que puede ayudar a alcanzar la —tan ansiada— ubicuidad.

La electricidad es la herramienta. Por su rapidez y capacidad de transmitirse a través de hilos de cobre, solo necesitaba de un alfabeto (Morse). Así, se consigue unir casi en simultáneo la costa Este con la Oeste de los Estados Unidos de Norteamérica, como ya lo había logrado el ferrocarril. Se inicia, por tanto, la Era de la «Tele», que hace posible la transmisión a distancia de mensajes «a la velocidad del rayo».

El telégrafo, mediante impulsos eléctricos —cortos o largos (punto y raya), cuya agrupación reemplaza a las letras del alfabeto—, significó un cambio sustancial en el sistema de correos en el mundo. No debemos olvidar, por un lado, que la implementación de cada nuevo medio no reemplaza al anterior y por otro, que las misivas van aprovechando el medio en uso, así, tenemos, primero, el correo postal —en referencia a las postas para cambiar de caballo—, el correo aéreo, marítimo, etc.

La comunicación epistolar mantiene el uso coloquial del habla. Es muy diferente escribir para todos que hacerlo para un destinatario particularizado. La comunicación epistolar conserva el tono afectivo —más humano— del que se va desprendiendo la escritura con fines masivos, y la publicidad presta especial esmero por ocultarlo en sus mensajes con la intención de lograr un mayor contacto con el «cliente».

Esta forma de proceder atenta contra la credibilidad en las relaciones humanas por no tener un sustento real, dado que su principal motivación es vender y no cultivar o manifestar la amistad o el afecto.

Si las cartas necesitaban concreción, el telégrafo agudizó al máximo dicha urgencia del costo económico de cada palabra convierte a los mensajes en motivos de chanza, por un lado, mientras que se deshumaniza al extremo. Es el medio más «frío» —según la calificación de McLuhan— y era el más rápido; en otras palabras, era ideal para el comercio, salvo por la falta de privacidad, factor predominante para la negociación. Ello llevó a que su uso viene teniendo un período muy corto en comparación con otros medios, a pesar de la importancia que ha tenido en lugares con poblaciones muy distanciadas como Australia o Nueva Zelanda —países donde los operadores vivían a centenares de kilómetros de cualquier vecino—, donde llegó a ser más importante que las carreteras.

El cable es una variación del telégrafo que, mediante el tendido de líneas interoceánicas, logró rapidez en la comunicación, prácticamente, en los cinco continentes. Fue financiado, previsiblemente, por el comercio y su impacto en bolsas de valores fue contundente. Respecto de la información, fue la herramienta que impulsó la creación de agencias de noticias —que trataremos en la industrialización del periodismo—.

Según Briggs y Burke, el aporte del telégrafo a las comunicaciones fue considerado como « [...] un imperio de intercomunicación general [...] ».[73] Por último, este medio propició, una vez más, el debate acerca de si debía estar en manos privadas o públicas, como el servicio de correos: si existe un problema de seguridad nacional para casos de guerra puede ser, fácilmente, intervenido; mas, Estados Unidos de Norteamérica lo privatizó y, prácticamente, su organización formó parte de la germinación de las sociedades anónimas.

Este invento, primer producto de la aplicación de la electricidad a las comunicaciones, crea un nuevo alfabeto y cubre distancias enormes con una velocidad asombrosa, pero, al fin y al cabo, simplemente es otra escritura que usa un canal de transmisión distinto.

2.4.5. EL TELÉFONO

El sucesor del telégrafo es el teléfono, aunque las comunicaciones telefónicas se realicen aun entre dos personas. Las ondas sonoras producidas con nuestro aparato fonador son traducidas a impulsos eléctricos que hacen vibrar a una membrana que imita nuestra voz. A pesar de la calidad lograda mediante este proceso, todavía se distingue claramente que nuestro interlocutor está mediado por un artefacto electrónico.

«En 1892 se inaugura la primera central automática estadounidense [...] con cerca de cien abonados[...] »,[74] y, en 1915, ya funcionaban nueve millones de teléfonos en los Estados Unidos

---

73   BRIGGS, Asa y Peter BURKE. Ob. cit. p. 156.
74   CALEDANE, Luis. «Sistemas de comunicación». En: *Transformaciones*. N° 107. Buenos Aires: 1973. p. 180.

de Norteamérica. Este aparato cumple con el primer objetivo: combatir la distancia con rapidez, y, en segundo lugar, remeda de la mejor manera posible al lenguaje coloquial, al diálogo. Su mayor defecto, sin embargo, es la imposibilidad de ver al lenguaje mímico. Pese a ello, logra la —tan ansiada— privacidad, cuando se reemplaza a la telefonista por una conmutadora automática.

En un principio, su limitación era el tendido de cables para la transmisión de los impulsos eléctricos —como el telégrafo—; mas cuando se tradujo a una señal capaz de viajar por el espacio —como es a través de satélites—, se obtuvo la conexión intercontinental que, hasta ahora, utilizamos.

Hoy es considerado una necesidad. En desmedro de que hasta mediados del siglo pasado era un lujo tener teléfono en Lima, la privatización del servicio ha permitido extenderlo por toda la nación, de una forma asombrosa y en un lapso inferior al lustro. Estamos en condiciones de afirmar que no hay capital de distrito o, inclusive, de centros poblados lejanos que no cuente con una cabina pública, lo cual se ha extendido a las cabinas de internet —situación que nos ha convertido en uno de los países con mayor cantidad de usuarios de la Internet en relación con la cantidad de habitantes—.

Habiendo recalcado su importancia, no tiene la trascendencia suficiente para modificar en su esencia la forma de comunicarnos. Potencia al habla, pero con los defectos que hemos mencionado.

2.4.6 LA RADIO

La radio es otro paso gigante en el mundo de la «Tele». Marconi, con su telegrafía sin hilos, abre la puerta a la radio: un medio de comunicación masivo. Las ondas cortas de un transmisor potente no tienen fronteras, salvo la capa de ozono, en la cual rebotan y pueden, de esa manera, circundar por el planeta.

En un principio, era dominio de personas especializadas que, a viva voz, se comunicaban por todo el mundo mediante el establecimiento de circuitos de radio-aficionados, aunque tuviesen la certeza de que sus mensajes carecían de privacidad alguna. Por el contrario, aprovecha esta particularidad para extender su campo de acción. En el caso de la radio, su masificación tuvo mayores inconvenientes que los anteriores, pues se sostenía que los beneficiarios serían este grupo de aficionados, sin pensar en su difusión masiva. De otro lado, implicó la fabricación de los aparatos receptores, y que sus empresarios contribuyeran sustantivamente en la gestión de las empresas radiodifusoras —como en el caso de la BBC de Londres—.[75]

Otro factor es la saturación de «los aires» —problema vigente—, lo que demandaba la intervención gubernamental con el fin de regular. El problema era y es «hasta dónde» interviene el Estado –lo que involucra aspectos de defensa nacional-, los mensajes se limitaban a una longitud de 200 metros, o menos; pero, más que por limitaciones gubernamentales, eran dificultades de orden técnico: la relación inversa entre longitud de onda y frecuencia. Sucesivas mejoras y la presión de radioaficionados fueron «independizándose» tanto de la presión militar como del gobierno.

75   La Corporación Británica de Radiodifusión, o British Broadcasting Corporation. BBC es su acrónimo en Inglés.

Por lo tanto, el desarrollo tecnológico se preocupó, primero, por ampliar las distancias de emisión, así como por su calidad. Posteriormente, este empeño compartido entre los aparatos emisor y receptor se denominó *highfidelity* (alta fidelidad) y, hacia 1914, había logrado grandes avances en ambos sentidos.

Las primeras trasmisiones fueron de música, especialidad que se mantiene salvo algunos programas noticiosos. Los primeros «locutores», generalmente eran radioaficionados e iniciaron este mundo comunicacional que subsiste, a pesar de la descarnada competencia que le impuso la televisión. En un primer momento, las trasmisiones se efectuaban únicamente en Amplitud Modulada (AM) después se logró la Frecuencia Modulada, situación que se sigue produciendo.

De otro lado, los aparatos receptores también experimentaron mejoras. Hasta la fecha, su punto máximo es el sistema estéreo, cuya finalidad es imitar mejor la disposición natural que poseemos por tener ambas orejas en sentidos opuestos —y como los ojos, que al poseerlos en paralelo, nos da la visión estereoscópica—, el sonido nos da la sensación que permite ubicar distancias y orientación.

Según Caledane, « […] en 1922 existían 400,000 receptores de radio en los Estados Unidos de Norteamérica, en 1950 ya son 98 millones […] ».[76] La limitación es la cantidad de receptores, pues las ondas de radio tienen alcances enormes.

En un intento por explicar el «misterio» de ese éxito, podemos afirmar que la radio es —dentro de los medios masivos— aquel que inició una especie de remedo de la comunicación «cara a cara». Durante las trasmisiones «en vivo» —única posibilidad en los inicios— al locutor le es imposible que, junto con las palabras, se trasmita, también su estado de ánimo y gran parte de su dimensión humana. Al oyente le basta cerrar los ojos para «tenerlo» al frente en la intimidad de su hogar, consciente de la limitación de la respuesta.

Franklin D. Roosevelt «charla» con el país. De Gaulle, desde Inglaterra, trasmite ímpetu y valor a sus compatriotas para mantener la resistencia al nazismo. Churchill, e, incluso, Hitler son conscientes de esta particularidad de la radio y todos fueron asiduos usuarios de sus beneficios

A su vez, al inicio se trasmitían conciertos para, posteriormente, en busca de *rating,* desembocar en la música «popular», dada la gran cantidad de estaciones, sobre todo en los Estados Unidos de Norteamérica. Briggs y Burke mencionan que « […] ya en mayo de 1922 […] había concedido más de trescientas licencias de transmisión […] hacia finales de 1922, la cantidad de licencias llegaba a 572».[77]

Debido a que los radioaficionados orientaban sus esfuerzos en cubrir mayores distancias, muchas de las estaciones cayeron en manos de periodistas, quienes estaban más interesados en el ámbito local. Para ellos, era evidente su utilidad para la difusión de noticias, dado que evita

---

76   CALEDANE, Luis. «Sistemas de comunicación». Ob. cit. p. 186.
77   V. BRIGGS, Asa y Peter BURKE. Ob. cit. p. 183.

el problema originado en la necesidad de que el público maneje un código fuera del lenguaje oral —el caso de la escritura—. Desde las primeras trasmisiones, se fomentó el aspecto de la información, inclusive, con mejores posibilidades que el periodismo escrito en relación con la rapidez, componente esencial en esta labor; pero, en desventaja por la facilidad de distorsionar las noticias cuando pasan al ámbito coloquial. Vemos, entonces, que se iban estructurando las programaciones que, más o menos, se mantienen hasta la actualidad.

Dado que las fábricas de aparatos receptores no necesitaban mayores gestores para sus ventas —la «necesidad» era de dominio público—, las emisoras necesitaron nuevas fuentes de financiación. Y, a pesar de opiniones como la de Herbert Hoover en ejercicio de la Secretaría de Comercio, quien considerara « [...] inconcebible que tan formidable oportunidad para el servicio y las noticias, el entretenimiento, la educación y vitales fines comerciales, quede ahogada por la cháchara publicitaria [...] », se hallaban pareceres como el que expresó Edgar Felix: «!Qué magnífica oportunidad para que el publicista expandiera su programa de ventas! Había un público vastísimo, empático, ávido de placeres, entusiasta, curioso, interesado y abordable en la intimidad de su hogar».[78] Somos testigos de que primó la última opción, a pesar de los esfuerzos desarrollados en su contra, principalmente, en Europa.

Sin embargo, a nuestra opinión, queda sin sustento la afirmación acerca del elemento educativo que Hoover afirma. Es necesario definir qué es educación.

De un lado, existen opiniones que la equiparan con civilización. Entonces, hasta al ferrocarril se le puede asignar esta función pues implantó el respeto por los horarios y otras consecuencias del tráfico —opinión que emitimos previamente—. Situación similar se le puede atribuir a cualquier otro adelanto descrito en este acápite acerca de los medios que se fueron creando y que hemos reunido como la «Tele». Con este «criterio» se podría concluir que la cultura que no cuenta con televisión o radio es incivilizada e, inclusive, inculta.

De otro lado, si consideramos a la educación desde un criterio más estricto y ceñido al ámbito académico, evidentemente, no satisface sus exigencias. La BBC siempre ha tenido esta vocación, mas no contamos con evaluaciones científicas respecto del éxito o fracaso de sus esfuerzos.

En conclusión, todo este desarrollo es inminentemente tecnológico y no científico desde el punto de vista de las comunicaciones. Son victorias de la electrónica, obtenidas totalmente de espaldas acerca de los mensajes. Interesa el «oyente» como sujeto del comercio y, casi, sin algún otro aspecto del amplísimo espectro que involucra al ser humano.

2.4.7 LA TELEVISIÓN

Briggs y Burke relacionan los inicios de la televisión con los orígenes de la fotografía: se trata de imágenes.[79] Mas, el descubrimiento más próximo lo tenemos en 1873, cuando se tendían los cables interoceánicos, el ingeniero Willoughby Smith, experto en telegrafía, observó las reacciones de los resistores de selenio ante la luz solar. Poder transmitir haces de luz por el aire y reproducirlos en una pantalla fluorescente; e, igual que en el cine, la incapacidad del ojo humano de detallar con la velocidad con que se efectúa, nos da la sensación de ver la imagen

78   BRIGGS, Asa y Peter BURKE. Ob. cit. p. 184.
79   BRIGGS, Asa y Peter BURKE. Ob. cit. p. 196.

completa e, inclusive, con movimiento. Ello se debe a una «memoria» visual.

Las primeras respuestas eran más de fax que de televisión. Recién, en 1929, John Logie Baird consigue lanzar, vía la BBC, las primeras trasmisiones experimentales de televisión. En 1936, se emitió el primer programa y con la guerra se retrasó su ampliación a todo el mundo, hasta la década de 1950.

La aceptación del público no se hizo esperar y, después de 60 años, reiteramos que muy pocos hombres no han visto al rostro de su congénere al otro lado del mundo «en vivo».

Si bien la televisión es un medio espectacular que cautivó a la humanidad, su «magia» tampoco tiene procedencia propia. Potencia el lenguaje cinematográfico y, en sus inicios, los presentadores tenían un comportamiento muy similar al desarrollado en la radio. Complementaba exitosamente a la radio, no solo escuchamos, sino vemos a quien transmite. No existe un lenguaje televisivo ni técnicas de comunicación distintas a las de la cultura oral y las cinematográficas. Lleva el cine a casa.

En los programas «en vivo», se presentan noticieros o entrevistas con gente que interesa a la mayoría del público, a través de la utilización de la comunicación oral. También, se muestran programas de concursos y otras formas creativas de entretenimiento, Rellenando las horas con películas o documentales, así como transmisiones en vivo de eventos deportivos, políticos o, simplemente, noticiosos.

Pero, por lo indicado, no deja de ser un fenómeno de comunicación muy importante por la rápida aceptación de todos los públicos. Por ende, los comerciantes tuvieron la sensatez de escoger a la televisión para sus comerciales y la ponderaron mejor que a los periódicos y las radios, con lo cual su avisaje era de mucho más alto costo y permitió su sustentación económica.

Mas sus ondas no son circulares, son lineales; no tienen el alcance de la radio, no rebotan en la ionósfera, por lo que, al principio, su alcance estaba en proporción directa con la altura de sus antenas y evitaba escollos como montañas, etc. Posteriormente, se instalaron las estaciones «retrasmisoras» y, con una conexión aérea directa en la que se «pasaba» la señal de una antena a la siguiente, se repotenciaba y se emitía a la siguiente, sucesivamente. Así, las poblaciones cercanas a las capitales —generalmente las sedes principales desde donde se emitía la señal— eran las primeras beneficiadas y, evidentemente, los costos eran muy altos. Para lograr trasmisiones con las dimensiones de la radio, era necesario construir antenas en el cielo.

Entre las heridas de la segunda guerra mundial, surgen los cohetes V-2. Si en el pasado, llevaron mensajes terroríficos a Inglaterra, hoy, llevan satélites y se inicia la era espacial. Casi pasó desapercibida en el Perú, la primera transmisión vía satélite, en 1962, cuando el *telestar* unió por primera vez Europa con América en simultáneo.

Actualmente, alrededor de 38.500 km. de altura, satélites interconectados permanecen en órbita estacionaria —a la misma velocidad de rotación de la tierra— y cubren la totalidad del orbe. Reciben y retransmiten miles de señales de telefonía y televisión de un continente a otro. Estaciones diseminadas por casi toda la superficie de la tierra estaban conectadas a ellos. Hoy, inclusive desde un teléfono celular se puede recibir su señal. Vivimos en el mundo del vídeo, bajo los parámetros del lenguaje oral, utilizando el lenguaje cinematográfico, potenciado por los satélites de comunicación.

Al igual que la radio, sus logros pertenecen más al campo de las ciencias físicas que a la de la comunicación. Es frustrante percatarse de cómo este enorme potencial se utiliza con los mismos fines que la radio.

2.4.8. LA IMPORTANCIA DE LAS TELECOMUNICACIONES EN LA COMUNICACIÓN

Es interesante resaltar que, con la primera revolución industrial, en materia de comunicaciones, se orientó el esfuerzo en el desarrollo de medios de comunicación física —salvo la aeronáutica—, en lograr la conexión personal entre la humanidad. Recién con la segunda, con la electricidad, se desarrollan los medios masivos, la posibilidad de «estar ahí» sin el traslado físico de las personas; de «llevar» el hecho al hogar.

La tensión se ha desarrollado entre «sacar» al individuo de la casa o mantenerlo dentro de ella; entre el mejoramiento de las vías o vehículos, y la tentación del telefonazo; el conflicto entre el cine y la televisión; entre el apretón de manos o el abrazo y las lágrimas o a través del chateo; etc.

De otro lado, lo que consideramos más saltante es que estos asombrosos adelantos en comunicaciones —que han «achicado» al mundo— son producto de desarrollo tecnológico. Esto se comprueba por la dedicación y reiteración que hacen Briggs y Burke acerca de los problemas de patentes. Todos estos inventos pasaron por las oficinas de patentes y las luchas legales sobre la propiedad de sus utilidades llegaron a comprometer la expansión uniforme de sus beneficios entre su propio público. Así, tenemos desde el ferrocarril, el ancho de las vías, la rapidez de sus máquinas, etc.; la radio, los bulbos, los condensadores, los litigios entre *Telefunken* con empresas norteamericanas, inglesas o francesas etc.; ni mencionar en la televisión, los litigios entre la BBC, Baird, Marconi Wireless Company, la RCA, etc.; en la Internet, las luchas entre la Apple con Microsoft y de la propia Microsoft con el gobierno norteamericano, etc.

Absolutamente todos estos inventores nunca se interesaron sobre el qué es la comunicación ni acerca de sus efectos. Sus esfuerzos estuvieron orientados hacia la electrónica, aeronáutica, física y demás ciencias. Paradójicamente nunca estuvo entre ellas la ciencia de la comunicación porque nunca ha estado definida. Simplemente, lanzaron sus productos con una visión casi exclusivamente comercial, lo cual explica el derroche del que nos lamentamos y es mayor la falta entre quienes siendo comunicadores, como periodistas y publicistas, siguen trabajando de forma intuitiva y poco científica. Absorbidos por el momento, seguimos acertando intuitivamente y, en la mayor de las veces, fracasando en nuestro desempeño.

Nunca ha sido nuestra intención subvalorar sus beneficios. ¿Cuántos enfermos o solitarios han encontrado en ellos un bálsamo muy tonificante ante la depresión y el abandono? ¿cuántas veces la llegada del mensaje oportuno ha salvado vidas? ¿cuántas alegrías de reencuentros facilitados por el desarrollo y abaratamiento de sus servicios? ¡qué gratificante es escuchar a las personas queridas a través de miles de kilómetros de distancia! ¡cuánta emoción causó ver el primer paso del hombre en la luna o a los Beatles cantando en directo desde Inglaterra en la primera emisión del *telestar* en 1962; etc. Son avances de toda la humanidad que no se pueden ignorar. Nuestra intención es mejorar su uso y darle un sentido más humano.

El tremendo impacto que significó su progreso ante una asombrada humanidad que, por la rapidez de su sucesión, llamativamente, ya no se asombra ante el anuncio de cada «milagro» que hubiera sido atribuido a «fuerzas demoníacas» hace escasos 200 años.

Como el resto de los grandes inventos en comunicaciones, han sido magnificados y se ha catalogado sucesivamente a cada uno como la «era de …», ya sea telégrafo, ferrocarril, teléfono, radio, automóvil, el jet o televisión. Ninguno cambia sustancialmente la comunicación. Aumentan extraordinariamente el habla —la radio, el teléfono—, la escritura —telégrafo, cable—; la rapidez y la cantidad en el traslado de personas —el ferrocarril, el barco con propulsión sin velas, el automóvil, el avión, etc.—; pero no varían la forma de comunicarnos. Si bien modifican la forma de vivir, esto no es exclusivo resultado del avance de los medios, más bien los medios son el resultado de las dos revoluciones industriales: la del carbón y vapor, y, como la segunda: la de la electricidad. Cada una de estas «eras» atribuidas a los medios se yuxtapuso con las otras y, por esta razón, las hemos reunido como la Era de la «Tele»

Por último, las guerras, paradójicamente, impulsaron sustantivamente algunos de ellos como la propia energía nuclear, la radio, el radar, la aviación a propulsión con turbinas, los helicópteros, el láser e, inclusive, los cohetes que iniciaron la conquista del espacio y la propia red, etc. Todas ellas que, cuando se desarrollaron en la paz, nos han legado el adelanto científico del cual actualmente gozamos.

Mientras tanto, el individuo cada día se aísla más, nunca se había logrado conexión a tan largas distancias y, en simultáneo, con tan gran multitud y, sin embargo, las comunicaciones son cada vez más impersonales.

Existe la tendencia a sostener que este desarrollo orientó a la humanidad a usarlos, sin que tenga conciencia del fenómeno que manejamos. Ello es la causa de los problemas de interculturalidad y de haber puesto a los medios al servicio del desarrollo de un capitalismo inhumano —pasto para la manipulación con fines políticos—.

No es extraño que el desarrollo de la Teoría de la Comunicación se presente a partir de la segunda revolución industrial. En 1929, Lasswell muestra su modelo que determina el sentido del análisis en emisor-mensaje-receptor, todavía vigente. Solo cuando se patentiza el poder de los medios masivos, el hombre comienza a construir teorías que busquen una explicación y lo hace, básicamente, alrededor de los efectos que ocasiona. Alrededor de la segunda década del siglo pasado recién se inician los estudios bajo ópticas de las ciencias humanas —básicamente psicología, antropología y sociología— así como con algún aporte de periodistas y artistas; mas, nunca se ha efectuado bajo una perspectiva exclusiva de comunicación, de la naturaleza del fenómeno.

El hecho de que la publicidad se desarrollara generalmente sin moral; y, por último, que estemos destrozando el mundo al considerarlo como un objeto de explotación sin límites, implica poner a disposición demasiado poder a quienes no tienen la responsabilidad de hacer un uso razonable de él.

Lo expuesto no significa que la humanidad no ha tenido conciencia de los pasos que damos. Cada decisión se ha tomado en forma personal y en función del egoísmo. Situaciones que, precisamente, consideramos también como producto de la falta del conocimiento científico de la comunicación y, por lo tanto, de su uso adecuado.

2.5 LA INDUSTRIALIZACIÓN DEL PERIODISMO.

2.5.1 EL PROCESO DE INDUSTRIALIZACIÓN DEL PERIODISMO.

Determinar el origen del periodismo es difícil, porque pese a ser parte de la comunicación humana, tampoco está definida su esencia. Para definir el periodismo, los historiadores buscan noticias escritas, que hayan sido distribuidas entre un público.

Algunos nos hablan de las *Actas Diurnas* que colgaba Julio César en el Foro romano, como el primer periódico. Sustentan tal afirmación en la naturaleza de los datos proporcionados. Siendo un medio de comunicación no podemos valorarlo solo desde una lado de la relación; es más importante quien recibe que quien emite. Un escrito sin lectores no cumple con el fin de su creación. Evidentemente, las *Actas Diurnas* eran un medio restringido de información orientado a clases dirigentes.

En términos generales, para la mayoría de la población, la información era trasmitida vía oral. Conocemos el grado de distorsión que ello implica. Al desarrollar el habla mencionamos las diversas formas en que se trasmitía la información en esta escala: los aedos, bardos, juglares, etc.

La mejor manera de lograr fidelidad en la transmisión es «congelar» el mensaje mediante la escritura. Empero, la primera dificultad reside en proporcionar una cantidad de copias acorde con la cantidad de personas a las cuales deseamos comunicar. Cuando la imprenta soluciona parcialmente este impedimento, aparecen los periódicos en el sentido que intentamos mostrar. Sin embargo, la producción manual de la imprenta, a pesar de incrementar sustantivamente el número de copias no alcanza la velocidad de los acontecimientos, cada vez más acelerados debido al mismo adelanto tecnológico, por un lado, y, por otro, la población crece mucho más que su capacidad de producción.

Si bien Alejandro Miro Quesada menciona las «hojas» impresas en China desde 594 a.C. y en 1350 d.C. conocida como «Gaceta de Pekín»,[80] no señala la frecuencia de su publicación. Dicho autor indica a Alemania como una de las primeras en publicar noticias desde 1457 al 1505, bajo distintos editores; Austria, con su «Zeitung», publicado desde 1568 a 1604. Recién en 1615, reconoce como el primer diario del mundo al «Frankfurter Zeitung».

Con el nacimiento de las grandes ciudades, cuando la burguesía basada en su poder económico y la herencia de la organización que implica la artesanía y el comercio arrebata el control político a la aristocracia tradicional, se inicia el crecimiento de las urbes. La industrialización acelera desmedidamente el crecimiento de la población en desmedro de la agricultura, y antes del telégrafo y la radio no hay forma de colmar la sed de información, natural en el hombre.

De otro lado, ya expusimos que los índices de analfabetismo se mantienen muy altos hasta mediados del siglo XVIII. Por ello, la información escrita, evidentemente, se limitaba a círculos muy reducidos, principalmente, de comerciantes, políticos y académicos; y, evidentemente, se efectuaba de manera casi personal —incluyendo la forma epistolar—. En esta etapa de la historia de la comunicación, la lectura en público estuvo en su mayor auge.

Aunque Miro Quesada señala una larga lista de periódicos y revistas —algunos de los cuales todavía se siguen editando— en toda Europa, precisa que el diario moderno apareció con la Revolución Francesa y Mirabeau como el gestor del periodismo revolucionario y político. No solo procuraba difundir noticias, sino propugnar las ideas libertarias: «¨[...] El periodismo comienza a encontrar su verdadero rol social. [Los medios] adquieren cada vez mayor fuerza en la opinión pública y se convierten en lo que se ha denominado el Cuarto Poder del Estado».[81]

La noticia nunca quedó relegada. Miro Quesada asevera que, en 1832, se crea la primera «Agencia de Noticias Havas»,[82] y, como mencionamos, fue elevada la influencia de la implantación

---

80   MIRO QUESADA, Alejandro. Ob. cit. p. 28.
81   BRIGGS, Asa y Peter BURKE. Ob. cit. p. 35
82   BRIGGS, Asa y Peter BURKE. Ob. cit. p. 36.

del cable interoceánico en el fomento de estas empresas. También, se refiere al Times de Londres como el gran innovador al tomar una línea «independiente», con una calidad de redactores como Dickens, quien, posteriormente, pasa a dirigir su propio periódico.

Por lo tanto, recién podemos hablar de un periodismo que cubre a cabalidad las necesidades de información de la mayoría, cuando ésta es alfabeta y tiene acceso, tanto físico como económico y con una frecuencia regular a él. La similitud entre Periodismo y Período, es decir, regularidad en su aparición hace que consideremos este factor como definitorio de su naturaleza.

Koening aplicó una máquina a vapor a una imprenta y el periódico Times de Londres, en 1814, comenzó a editar 1100 copias/hora.[83] Al aumentar las tiradas se reducen los precios, aunque no lo suficiente para su supervivencia y el periódico se pone al alcance de las mayorías. Los fabricantes, en busca de hacer conocidos sus productos e intentar llegar al mayor número de compradores, incentivan económicamente a los medios. Así, los periódicos logran estabilidad económica.

Es el inicio de la primera revolución industrial, el mundo comienza a «achicarse» a pasos agigantados. Aparecen las grandes corporaciones, se crean las agencias internacionales de noticias, se echa a andar la industria del periodismo.

En 1887, se inventa la rotativa, de la que tratamos cuando se desarrolló la imprenta —no trabaja el periódico hoja por hoja, sino que, por ejemplo, imprime la primera y la última hoja, simultáneamente y por ambos lados—, que ahorra muchísimo tiempo. Las rotativas más modernas botan los periódicos doblados e impresos a todo color. Tienen cilindros sucesivos con cada color, e, incluso, los embolsan.

Es el fenómeno llamado *mass media*. Diversos análisis sociológicos se ocuparon de él: la multiplicación de las grandes ciudades crea «mercados masivos» y un público «masivo». En tanto, el desarrollo de las ciencias médicas incrementa las tasas de natalidad y prolonga el período de esperanza de vida.

La humanidad, hasta el 1000 d.c., no sobrepasó los mil millones de habitantes. Hoy, la India y China, individualmente, superan esa cantidad. Solo en el último milenio hemos crecido hasta cerca de los 10,000 millones.

Empiezan a esbozarse, asimismo, las teorías del dominio de las masas mediante los poderosos medios de comunicación. La publicidad es efectiva, incluso, utilizándola en política.

A fines de siglo XIX se aprecian los aumentos espectaculares de las tiradas de los periódicos: «El World de Pulitzer de 50.000 a 700.000 ejemplares o la corporación de Hearts quien con 38 periódicos representaba un tiraje de 12 millones de ejemplares diarios».[84]

A principios del siglo XX, la radio, también, tiene alcances masivos y, a mediados, la televisión. Sin embargo, el periódico se mantiene. Probablemente, por el prestigio obtenido por la escritura, así como por la necesidad de «congelar» lo mostrado a través de ella. «El director de "Le Monde", Hubert Beuve-Mery, [explica que] la radio anuncia, la televisión muestra, pero el periódico explica [...]». Creemos que tanto la radio como la televisión pueden explicar. Por otro lado, la «guerra» entre medios es exclusiva de sus propietarios, debido a que los periodistas ejercen indistintamente en cualquiera de ellos. El periodismo adopta «tipos» como el radial, el televisivo o la prensa escrita. Todos son «medios masivos». Muchos de estos profesionales ejercen

83   Ibíd. p.36.
84   FABRE, Maurice. *Historia de la comunicación*. Madrid: Editorial Continente, 1965. p. 62.

indistintamente en la radio y, después, en la televisión, cada uno con sus millones de audiencia; así, en 1988, —según Miro-Quesada— tenemos el récord de tiraje de un periódico: 1´467,304 ejemplares diarios del USA Today.[85]

El compromiso de vender toda la producción de los auspiciadores orienta al periodismo, al profesional de la información, por los caminos del marketing, de la publicidad. Briggs y Burke citan a Theophraste Renaudot, periodista francés de 1631, quien tiene el siguiente concepto del periodismo: «La historia es el relato de las cosas acaecidas, la Gazette, solamente es el rumor que de ellas corre. A la primera corresponde decir siempre la verdad. La segunda, bastante hace si evita la mentira». Miro Quesada cita a Lord Northclife: «Es más importante para nosotros un perro rabioso suelto en Picadilly que millones muertos por hambre en China».[86]

2.5.2. LA IMPORTANCIA DE LA INDUSTRIALIZACIÓN DEL PERIODISMO EN LA COMUNICACIÓN.

Paralelamente, la tradición nos muestra que junto con la información suele entregarse entretenimiento y, evidentemente, publicidad, en todos los medios masivos. Briggs y Burke mencionan: «Las líneas divisorias entre información y entretenimiento fueron cada vez más borrosas [...] », en alusión a las décadas de 1950 y 1960 y agregaron: « [...] más tarde se volvieron más confusas».[87]

De tal manera, se logra el formidable objetivo de comunicar a millones de personas diariamente. Este esfuerzo es, evidentemente, resultado de avances tecnológicos: se ha potenciado a la imprenta, se consiguió transmitir —a través de la escritura y las artes gráficas— información, publicidad y entretenimiento. En relación con la radio, también implica el desarrollo del lenguaje oral, así como en la televisión, además del lenguaje cinematográfico. En ambas, como mediante el periódico, se trasmite entretenimiento, información y publicidad. Este es, asimismo, un hecho cuantitativo.

La discusión acerca de la objetividad de la información está presente en casi toda reunión sobre la teoría de la comunicación. El periodista —generalmente cuando está en la cúspide de una exitosa carrera— se siente el interlocutor válido de sus lectores, aun mas, es «líder de opinión» y, cuando alguien desea conocer el sentir de un sector del público masivo, acude a sus pareceres. No necesita de una validación mediante el voto. Es suficiente el nivel de ventas que obtiene el medio en el cual trabaja y es incuestionable que el empresario que busca sus servicios está reconociendo —en sus haberes— el beneficio que le brinda a la empresa. Dicho empresario sabe calibrar el costo-beneficio que implica su línea, su postura, personal.

Debemos reconocer que es posible manipular la información, al grado de conseguir aceptación masiva para actos que, si se meditaran con detenimiento, no serían aceptables de acuerdo con criterios que la sociedad manifiesta aceptar. Qué mejores ejemplos que la enorme maquinaria de combinación de medios masivos que montó la tristemente célebre dupla Fujimori-Montesinos cuyos resultados se muestran en tres elecciones seguidas. En ellas, al margen de los manejos electorales, demuestran una aceptación popular mayoritaria.

Los «Vladivideos» mostraron cómo pasaban enormes sumas de dólares del Jefe de

---

85   MIRO QUESADA, Alejandro. Ob.cit. p. 39.
86   MIRO QUESADA, Alejandro. Ob.cit. p. 33.
87   BRIGGS, Asa y Peter BURKE. Ob. cit. p. 217.

Inteligencia Militar a manos de los propietarios de medios. En los llamados «psicosociales», se combina hasta la psicología social para obtener la aprobación buscada. Sin embargo, el periodismo de investigación -después de más de un lustro- cumplió su papel y no faltaron valientes voces que evidenciaron la corrupción y la hizo insostenible.

Creemos que estas situaciones tiene gran parte de su origen en la «mala información» y, hasta ahora, nuestra respuesta es la «prensa libre», cuando no es otra cosa que la «libre empresa». Mientras no se forme un sistema en el cual el sujeto es quien percibe; en el que la «libertad de información» esté en manos de todos y no, exclusivamente, de empresarios, y que los medios masivos expresen la opinión real del conjunto social. Cuando los sujetos de la comunicación sean los actuales pasivos anónimos oyentes, al menos, la humanidad tendrá una comunicación humana igualitaria. Este sueño no está muy distante, la internet ya lo viene facilitando.

2.6 EL LENGUAJE CINEMATOGRÁFICO

Aristóteles, en su *Poética*, sostiene que el arte es imitación. En la historia del arte apreciamos que, efectivamente, existen muchísimos ejemplos de representación de lo que el hombre percibe. Sin embargo, si durante mucho tiempo en las muestras del arte naturalista esta afirmación se cumple, en el arte moderno, sobre todo, tenemos la evidencia de que no es exclusivamente imitación, sino, especialmente, la expresión del artista que logra hacer simbiosis con el espectador.

No obstante, siempre quedó pendiente imitar el movimiento, representarlo, dado que el movimiento es sinónimo de vida. En el Palacio de Cnosos, en los orígenes de la cultura griega, vemos los murales del salto del toro. Evidentemente, a pesar de estar «congelado», representa al movimiento.

El teatro griego, los autos sacramentales y el teatro posterior le han brindado al cine gran parte de su «magia»: sigue a Aristóteles, quien hace una diferencia entre *theoría*, como conocimiento; *praxis*, como ejecución real; y *poiesis*, como realización.

En la primera nota a la traducción española de su Poética, nos aclara que sobre la raíz de *poiein* (hacer) derivan las palabras (*poïëtikë* y *poiesis*), lo mismo que *poïëtës* (poeta).[88] El poeta es un realizador que, imitando el devenir natural, ejecuta fábulas. Esta *realización* es más patente cuando se produce sobre las tablas de un escenario.

Ante una obra bien escrita y actuada, el público «vive» la trama, incluso, se han tejido muchas opiniones sobre la «catarsis», aunque Aristóteles solo la menciona una vez y sin las atribuciones que le brindan algunos críticos. Mas, todos sabemos que, a pesar de tener las características de *praxis* —que se está ejecutando en nuestra presencia—, es una situación ficticia, es una realización; se está **haciendo** pero no es verdad lo que muestra.

Lo cierto es que se ve a los personajes en movimiento y la imaginación del espectador le da la credibilidad que lo «sumerge» en el tema: se «identifica» con el personaje y reviven sus vivencias como si fueran propias. Ésta es la «magia» del Cine, que nos permite personalizar las experiencias que vemos, «transmite» sentimientos en forma individual.

---

88   Cf. ARISTÓTELES. *Poética*.Trad. Valentín García Yebra. Notas a la traducción española, Nota 1. Madrid: Gredos, 1974. p. 243.

La dificultad estriba en que, para repetir la experiencia, se debe contar con local, actores, director, escenografía y demás artilugios para hacerla creíble y esto no puede ejecutarse con la periodicidad que el público requiere. Además, se requiere lo fundamental: un autor con capacidad de escribir nuevas situaciones. Sabemos la dificultad de encontrarnos con otro Lope de Vega, Shakespeare o Calderón de la Barca. El hombre siempre necesitó recrear el movimiento con historias, «hacerlas vivas».

Recién durante la edad media, se inventó un juguete denominado: «Linterna Mágica»: una vela dentro de un recipiente hermético con una fuga de luz y dibujos sucesivos sobre vidrio que, al girar frente al halo de luz, trasluce las imágenes y las proyecta sobre la pared y, dependiendo de la velocidad que se le imprima, produce el efecto del movimiento. Es un proyector de slides con movimiento.

www.mcu.es/.../PiezasMuseo/LinternaMagicab.html (12.02.09. 15.30pm)

Los hermanos Lumière, fotógrafos franceses, descubren que, por una deficiencia ocular, no somos capaces de distinguir la franja negra entre cada toma de una película continua y las imperceptibles diferencias entre ellas, al verla con determinada rapidez, también nos da la sensación de movimiento. La proyección en un café de París de «La estación del tren» impresionó a la sociedad francesa. Muchos de ellos tenían la firme convicción de que la locomotora los iba a arrollar.

Melies, empresario de espectáculos de ilusionismo, gracias al truco de parar la filmación, hace desaparecer a una dama sin necesidad del consabido paño negro adelante: revuelo en la sociedad de París. Sin proponérselo, monta el primer estudio cinematográfico aplicando tramoya, incorporando guión, actores, vestuarios, maquillaje, escenografía, actos, etc. Sadoul lo define: « [...] aquel diablo de hombre lo inventa todo creyendo que crea sólo trucos [...] ».[89]

En 1915, David Wark Griffith exhibió la primera película con lenguaje cinematográfico. Una nueva forma de comunicación, una forma popular y universal, no requiere de entrenamiento previo: basta sentarse frente a la pantalla y prestar atención. La exhibición de «El Nacimiento de una Nación», junto con los elogios presidenciales en los Estados Unidos de Norteamérica, fueron un ingrediente importante para que el "KU KLUX KLAN" llegara a catorce millones de afiliados. El poder de convencimiento que tiene este nuevo modo de comunicarse es patente.

Durante las funciones de cine mudo en las salas de los Estados Unidos de Norteamérica

89   SADOUL, George. *Historia del Cine*. Buenos Aires: Losange, 1956.

se reunían los inmigrantes de varias naciones, cada uno con su propio idioma. Si se encendieran las luces, sería imposible lograr comunicación con todos al mismo tiempo; sin embargo, con la función recibían simultáneamente angustias, alegrías, sorpresas, simpatías, inclusive, historias con alguna extensión.

En este hecho, varía la forma de la comunicación, no solo es el habla. Interviene con mucha mayor fuerza la parte artística del hombre al servicio de transmitir ideas, conceptos temporales: en minutos se nos da la idea de haber vivido años junto con los protagonistas, nos lleva al pasado o nos proyecta al futuro.

Se le da al ruido una dimensión totalmente distinta a la que le brindaban Shannon-Weaver: forma parte del mensaje. La música cumple otro factor predominante en el reflejo y en la incentivación de los estados de ánimo. La luz se utiliza para ambientar; tanto en su uso en la filmación como en la sala de exhibición: hay una comunicación más personal —en la oscuridad, uno se puede regalar una lágrima—.

El hecho de poder grabarlo para reproducirse las veces que lo permita la resistencia del material, abarata los costos de una producción teatral y logra un realismo que está fuera del alcance del teatro. Nos puede mostrar al mercader de Venecia en la propia Venecia, por ejemplo.

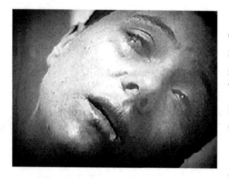

Además de contar con recursos como los *close up*, en los cuales una lágrima de Juana de Arco enfocada con la cara de la actriz en primer plano, en toda la pantalla, realmente nos trasmite su tristeza. Una panorámica de la batalla desde las murallas de Troya nos enardece, podemos correr con los protagonistas sin movernos del asiento, mirar lo que él quiere mirar, inclusive, compartir su cansancio, su sed o sus temores.

Sobre todo, el montaje, en el que se introducen vistas que, sin tener relación directa con el tema, nos dan las sensaciones que el director quiere sacar de nuestros sentimientos. Por ejemplo, en medio de un conflicto que atañe a todo un pueblo, la imagen de un deshielo que conforme se incrementa tiene como sonido la elevación de las protestas y el número de personas gritando, al observar el crecimiento de la avalancha, sabemos que todo el pueblo se está poniendo en pie de guerra y que su fuerza es incontenible. Es el milagro de las «tijeras maravillosas», el lenguaje cinematográfico.

Después del análisis que se ha hecho sobre el lenguaje y que hemos repasado muy ligeramente, no existe otro tema de comunicaciones tan estudiado bajo un enfoque teórico como el del lenguaje cinematográfico. Partiendo de Saussure, se ha propuesto que el lenguaje cinematográfico solo es habla, que no tiene un lenguaje articulado, que sus fonemas son imágenes, que no es lengua solo es lenguaje. Metz propone una gramática de códigos de imágenes, códigos de funciones normativas y reglas de montaje, con lo que se inicia el análisis semiológico del cine. Son mensajes sin una lengua que los sustente.

Hay que resaltar el análisis de Umberto Eco, quien sostiene que no existe la doble articulación del lenguaje. En el cine, la imagen es significante y significado

Es un hecho de comunicación cualitativo, ya que libera a la transmisión de la necesidad de preparación previa. No es necesario saber ningún código para comprenderlo. Sin embargo, tiene su lenguaje propio, el cual no lo maneja toda persona: necesita de un artista.

Se habla de dos tipos de cine: un cine poesía —al que hemos estado refiriéndonos— y un cine prosa, que no emplea todos los recursos que hemos mencionado; es decir, las personas se desempeñan ante cámara fija y con una secuencia temporal que concuerda con la realidad, son las tomas de aficionados, entre las que no faltan buenos ejemplos de crónica o reflejo de la realidad. Las cámaras de televisión en reportajes, generalmente, siguen el último patrón mencionado.

Los documentales hacen un mejor uso de lentes y obtienen aproximaciones reveladoras. La edición posterior sí implica un trabajo de montaje.

La *poiesis* del cine es otra en comparación con el teatro. Paradójicamente, es más intensa y tiene aproximaciones más cercanas a la realidad. El libreto y los diálogos no son indispensables —como en el cine mudo—, se reemplazan por el guión. En el guión, se plasma la integración de sonido, imagen y textos. Es tarea del director manejar el tiempo, tanto de la escena como de la totalidad de la obra, los efectos de la cámara lenta son muy impactantes, por ejemplo. Se logra una comunicación muy efectiva. Es comunicación y es arte; el director busca la forma de hacer emerger sensaciones y sentimientos entre el público. Más de una vez se presentan reacciones simultáneas y en cadena en las salas de exhibición. «Nos mantiene en vilo, permanentemente» es la expresión de las sensaciones durante una película de acción, por ejemplo.

Creemos haber resaltado las enormes diferencias entre el cine y el teatro como las diferentes aproximaciones del público a la escena; la combinación de planos separados que físicamente no son posibles en el tablado; el detalle en las imágenes para resaltar algún aspecto de la historia y, evidentemente, el trabajo de montaje que permite jugar con el tiempo y el espacio.

Es el tercer hecho de comunicación que varía sustancialmente la forma de comunicarnos. No es exclusivamente potenciación de otras formas precedentes, es un hecho de carácter cualitativo. Sin embargo, no existe el diálogo como intercambio de ideas y es innegable que es comunicación. Que solo se efectúa si hay, aunque sea, un espectador

A pesar de ser esencialmente una nueva forma de comunicación, del inmenso trabajo que implica su realización, el sujeto sigue siendo quien percibe.

2.7 LA INTERNET

Si bien, en un inicio para las transmisiones «a distancia» de imágenes, se utiliza la televisión, el uso de satélites abre una vía impresionante. Se puede hablar de una generación homogeneizante, en la cual, como ejemplo, los «*hits*» musicales realmente son del mundo entero. Aunque este hecho de es la última expresión comunicativa de la humanidad, solo se analiza su factor cuantitativo, potencia al lenguaje usado en televisión. Es decir, el lenguaje oral unido a imágenes pero, además, inicia un moderno sistema de correspondencia escrita —de diálogo escrito—, por la rapidez de la trasmisión: el chat. La incorporación de cámaras en cada computadora permite ver al interlocutor y se viene cumpliendo otro «sueño» comunicativo: el videoteléfono.

Al margen de la «carrera del espacio» entre Rusia y los Estados Unidos de Norteamérica para poner al hombre en la luna, silenciosamente, se desarrolló la tecnología a través de satélites necesaria para obtener o intercambiar información reservada desde un lado de la tierra a la opuesta casi en simultáneo. Evidentemente, ello se efectuó con fines militares. Posteriormente, se abrió esta red para un uso público. El teléfono y la televisión fueron dos de sus primeros usuarios.

Al igual que la imprenta, se necesitó el desarrollo tecnológico suficiente para lograr que ordenadores, computadoras, que mediante la inclusión de los famosos circuitos integrados tienen la capacidad de combinar el procesamiento de datos en cantidades inimaginables hasta ese entonces, el almacenamiento de información como nunca lo había logrado la humanidad y con una rapidez, pasmosa también.

El lenguaje es binario y convertir la información en ese sistema se le denomina digitalizar. Todo tipo de lenguaje se pueden traducir y, al mismo tiempo, redujo el tamaño de los aparatos para ejecutar estas tareas. Los primeros artefactos necesitaban áreas enormes, sometidas a temperatura condicionada. Con el adelanto tecnológico, se pudo contar con la misma capacidad de los primeros, en el escritorio de cualquier persona; actualmente, mucho más.

La conjunción de adelantos, tanto en interconectividad como en la puesta en manos de millones de personas de un computador, resultó en el milagro de la «telaraña» de conexiones: la web, mediante la cual es posible la interconexión casi sin excepciones a lo largo de todo el planeta y aun fuera de él.

Satélites que permanecen en órbita geoestacionaria cubren la totalidad del orbe. Reciben y retransmiten millones de señales de telefonía —que incluye la telered— y televisión, de un continente a otro. Estaciones diseminadas por casi toda la superficie de la tierra están conectadas a ellos y con la tecnología celular, estas estaciones se han multiplicado a millones, también. Vivimos en el mundo del vídeo y utilizamos el lenguaje cinematográfico, potenciado por los satélites de comunicación.

Evidentemente, los mensajes a nivel masivo tienen las mismas características que las de los medios masivos, salvo que este desarrollo tecnológico da la posibilidad de la intervención personal. Así, se personalizan las comunicaciones y, a la vez, se tornan anónimas: cualquier usuario solo puede conocer al emisor del mensaje si éste se identifica.

Es la irresponsabilidad en su mejor expresión. Si bien, por un lado, facilita la libertad de expresión; en realidad es un medio casi «clandestino», por el cual se puede tener conocimiento de lo que sucede antes que cualquier otro medio, no se tiene la certeza de que sea a través de una buena fuente. La situación se invirtió: de un estado, antes de la imprenta, en el que era casi imposible contar con fuentes para investigar; a la profusión, donde lo difícil es escoger fuentes certeras.

Ciertamente, el adelanto es enorme, ya que facilita la comunicación interpersonal en magnitudes impresionantes. Aun no tiene la calidad de la comunicación oral, pero la sobrepasa en la rapidez y la cantidad de personas con las que es posible lograr la relación. No es un cambio cualitativo, no varía la naturaleza de la comunicación. La mayoría lo utiliza «chateando», inclusive, se ha creado un nuevo «idioma» que mezcla símbolos con palabras, y las palabras se abrevian sin respetar las normas: La letra *k* reemplaza a la palabra "que", por ejemplo; «:)» es manifestación de alegría, en referencia a una sonrisa con ojos, etc. Es una escritura «oralizada», casi ideográfica.

Sin embargo, tecnológicamente, hoy se tiene capacidad para lograrlo. Con la ampliación de las pantallas, la rapidez de la conexión, es posible dialogar con alguien que se encuentra en el otro lado del mundo como si estuviera al frente de nosotros. Se recuperaron las bondades del lenguaje oral. Al fin, logramos tener las facilidades técnicas para reproducir la mejor forma de comunicación, pese a que ellas no se hayan extendido todavía a la mayoría de la población.

Mediante el desarrollo descomunal de la técnica, hemos dado la vuelta completa.

Tecnológicamente, regresamos al inicio, sin obviar a las mejores ventajas de los demás hechos cualitativos de comunicación, la capacidad de almacenamiento y su rapidez nos da acceso a la mayoría de las bibliotecas del mundo, a casi todos los periódicos y radioemisoras del mundo, su simbiosis con el teléfono nos da la movilidad interconectada prácticamente sin restricción. Empero, esta potenciación fantástica, solo ha resuelto el problema del «estar ahí» en tiempo y espacio. Falta resolver cómo hacer para que nuestra comunicación sea eficiente: todavía dirigimos la palabra. Todo el adelanto tecnológico no tiene la capacidad para resolver los retos que nos ofrece esta facultad humana: está bien, tengo al frente a la persona que físicamente vive en China, ¿cómo hago para comunicarme realmente con ella?, al margen del idioma, sabiendo que ambos tenemos disposición para relacionarnos: ¿cómo conocerla realmente? ¿Cuántas veces no sabemos «hablar con ella»?

La comunidad académica de la comunicación no ha estado indiferente a este fenómeno, al contrario, se viene desarrollando <<una nueva línea>> de investigación sobre el impacto del uso de las nuevas tecnologías -originada principalmente desde el Canadá- en el que incluso se diseñan <<nuevos>> modelos como el EMEREC –el antiguo emisor-receptor, sólo que con funciones intercambiables-. Es decir que el impacto ocasionado ha orientado a la comunidad académica hasta considerar <<obsoletos>> los planteamientos anteriores y a buscar la interdisciplinariedad dada lo sofisticado de los adelantos.

Si antes de este desarrollo, no teníamos clara la naturaleza científica de la Comunicación Social, la desmedida invasión tecnológica nos aleja aun más del propósito inicial de conseguir un conocimiento real sobre su naturaleza. Es imprescindible optar por una postura filosófica que nos permita abstraernos del cada vez más acelerado desarrollo tecnológico y enfocarnos en el hecho en sí mismo y no en la diversidad de sus presentaciones.

Sin embargo, ya todo está dado, tenemos la posibilidad de comunicarnos oralmente, en simultáneo, con cualquier persona, incluso, grupos de personas, sin importar dónde esté, nos podemos ver y escuchar a través del mundo. La respuesta inteligente es que desarrollemos científicamente también tales ventajas tecnológicas, para poder gozar plenamente de los adelantos que tenemos «en la puerta».

EPÍLOGO

El simple hecho de que la convención general ha establecido considerar al Habla como el primer hecho comunicativo, nos refleja la opinión general de que el sujeto de la comunicación es quien emite. Hablar implica, en principio, decirle algo a alguien y esta actitud muestra con evidencia que estamos ignorando que no es posible decir algo si no se tiene qué decir. El primer acto, antes de hablar, es tomar conciencia de lo percibido, situación que, en la vida diaria, se presenta con mucha mayor frecuencia de lo que imaginamos.

Con esta historia de la comunicación humana pretendemos demostrar que estamos echando toneladas de indiferencia a los millones de años de evolución durante los cuales nuestros antepasados han sobrevivido gracias a nuestra capacidad de percibir, de lograr una buena relación con el entorno.

No tomamos en cuenta que no existe escritor sin lector, salvo que lo hagamos como ayuda memoria —aun en este caso, el escritor se transforma en lector—; que la importancia de la imprenta reside en su capacidad de lograr lectores en número hasta entonces nunca imaginado; que el periodismo, el cine y la internet, así como todos los medios electrónicos fueron desarrollados para obtener grandes audiencias.

En resumen, no soslayemos que todos nuestros esfuerzos comunicativos solo consiguen su propósito si son bien recibidos y, por tanto, debemos considerar el inicio de la comunicación como un acto individual en el que el sujeto es quien percibe y toda comunicación interpersonal, grupal y social debería diseñarse orientada a cada individuo con el que queremos relacionarnos; es decir ubicándolo como lo que es: El Sujeto de la relación, lo contrario es como hablar frente al espejo.

En la práctica —sobre todo en publicidad—, este concepto está más o menos claro. Sin embargo, aun no tenemos un desarrollo teórico que lo sustente y, por tanto, contar con métodos de comunicación científicamente construidos, eficaces. Estos métodos estarán relegados hasta que seamos capaces de concebir a la comunicación con una mejor aproximación a cómo se presenta en la realidad. Mientras no se defina qué es la comunicación, qué elementos interactúan en su proceso y cómo lo hacen, no podremos lograr un método acorde con su naturaleza.[90]

---

90   Paralelamente a esta publicación, se prepara *Teoría de la Comunicación Humana*, en la que se pretende abordar un estudio sobre su naturaleza a fin de absolver los cuestionamientos que presentamos a lo largo del presente trabajo.

BIBLIOGRAFÍA

ALMAZÁN,M. D., M. RIAMBAU, M. MARTÍNEZ, V. VILLACAMPA y E. BACHS *Natura, Vida y Secretos de los Animales. Enciclopedia.* Barcelona: Orbis, 1986.

ARISTÒTELES. *Metafísica.* 1ª Reimpresión. Madrid: Gredos , 1988.
        Poética. Traducción por Valentín García Yebra. Madrid: Gredos, 1974

BERLO, David. *El proceso de la comunicación.* Buenos Aires: El Ateneo, 1971

BRIGGS, Asa y Peter BURKE,. *De Gutenberg a Internet.* México D.F.: Santillana Ediciones Generales, 2006.

BUNGE, Mario. *La investigación científica.* 5ta. edición. Barcelona: Ariel, 1969.

CALEDANE, Luis. «Sistemas de comunicación». En: *Transformaciones.* Nº 107. Buenos Aires: 1973.

CHOMSKY, Noam. *El lenguaje y el entendimiento.* Segunda edición. Barcelona: Seix Barral, 1971.DARWIN, Charles. *The Descent Of Man.* New York: Random House, 1871.

DARWIN, Charles. *On The Origin of Species by Means of Natural Selection.* London: John Murray, Albemarle Street, 1859.

DIAZ BORDENAVE, Juan y Horacio MARTHINS. Planificación y comunicación. Quito: Don Bosco, 1978.

DE SAUSSURE, Ferdinand. *Curso de lingüística general.* Buenos Aires: Losada, 1945.

FABRE, Maurice. *Historia de la comunicación.* Madrid: Continente, 1965

GARCÍA MÁRQUEZ, Gabriel. *Cien años de soledad.* Buenos Aires: Sudamericana, 1967.

HARTMANN, Nicolás. *Metafísica del Conocimiento.* V 2 Cap. V. Buenos Aires: Losada, 1957.

HEGEL, Georg W. Friedrich. *Fenomenología del Espíritu.* Edición bilingüe de Antonio Gómez Ramos. Madrid: UAM /ABADA, 2010.

HEIDEGGER, Martín. *Ser y Tiempo.* Traducción de Jorge Eduardo Rivera C. Santiago de Chile: Universitaria, 1997.

HENSEN, Johann. *Teoría del Conocimiento.* Buenos Aires: Losada, 1969.

HUSSERL, Edmund. *Ideas.* México D.F.: Fondo de Cultura Económica,1962.

JOHANSON, Donald, Edey MAITLAND. *Lucy, the Beginnings of Humankind.* St Albans: Granada, 1981.

LEAKEY, Louis. «A new Lower Pliocene fossil primate from Kenya». In: *The Annals & Magazine of Natural History,* Vol. 4, London: R. and J. E. Taylor: 1969.

LEAKEY, Mary D. «Footprints in the Ashes of Time». En: *National Geographic.* No. 155, abril, 1979.

MIRO QUESADA, Alejandro. *El periodismo*. Lima: Servicios Especiales de Edición, 1991.

MORRIS, Desmond: El Mono Desnudo. Barcelona: Plaza & Janes, 1971.

PIAGET, Jean. *El lenguaje y el pensamiento en el niño. Estudio sobre la lógica del niño*. Buenos Aires: Editorial Guadalupe, 1968.

PLATÓN. *Cratilo o de la exactitud de las palabras*. En:«Obras completas». Madrid: Aguilar, 1966.

   República.(Libro VI, 509 d. Alegoría de la línea). Madrid: Gredos, 1992.

      Fedón

PIJOAN, José. *Historia del mundo.*9na. edición. Vol. 1. Barcelona: Salvat, 1965.

REALE, Giovanni. *Platón. La Metáfora de la «Segunda Navegación» y el Revolucionario Descubrimiento Platónico del Ser Inteligible Meta- Sensible*. Barcelona : Herder, 2001.

ROBERTS, W. Rhys. «Rethorica». En: ROSS, W. D. (ed.). *The Works of Aristotle*. vol. XI. London: Oxford University Press, 1946.

SADOUL, George. *Historia del Cine*. Buenos Aires: Losange, 1956.

SALAZAR Bondy, Augusto y Francisco MIRO QUESADA, Francisco. *Introducción a la Filosofía y Lógica*. Lima: Universo, 1978.

SILVA Santisteban, Fernando. *Antropología. Conceptos y Nociones Generales.* Lima: Universidad de Lima y Fondo de Cultura Económica, 1998.

W. RHYS Roberts, "Rethorica" en *The Works of Aristotle (W.D. Ross, Ed.).* Oxford University Press, 1946, vol. XI

WASHBURN, S. L. y Ruth MOORE. *Del mono al hombre*. Madrid: Alianza Editorial, 1986.

WITTGENTEIN, Ludwig. *Investigaciones Filosóficas*. México D.F.: UNAM –CRÍTICA, 1988. «Tractatus Lógico- Philosophicus». En: *Revista de Occidente*. Madrid: 1957. Traducción Enrique Tierno Galván.

Silva Santisteban, Fernando. Entrevista personal, Mayo de 1984.